城市脆弱性分析与多灾种综合风险评估技术和系统研究

黄　弘　李云涛　张　楠　赵金龙　著

科学出版社

北京

内 容 简 介

本书聚焦脆弱性分析和风险评估技术在城市公共安全领域的研究与应用，探讨城市脆弱性分析和多灾种综合风险评估技术、方法与系统。本书共分9章：前3章主要介绍本书的研究背景与主要内容、相关领域内研究进展以及城市公共安全综合风险评估理论与方法；第4章和第5章分别介绍城市社会脆弱性和城市物理脆弱性，并进行相应的案例分析；第6章介绍基于指标体系的典型城市灾害风险评估；第7章和第8章分别以城市台风事件链和罐区突发事件链为例，介绍突发事件链的风险评估方法；第9章介绍城市脆弱性分析和多灾种综合风险评估系统的设计与构建过程。

本书涉及的内容是一个较为新兴的课题，可作为城市安全研究方面科研人员的参考书，也可供城市安全领域的本科生和研究生，以及城市和企业的相关管理者参考。

图书在版编目(CIP)数据

城市脆弱性分析与多灾种综合风险评估技术和系统研究/黄弘等著. —北京：科学出版社，2023.6
ISBN 978-7-03-072969-9

Ⅰ. ①城⋯ Ⅱ. ①黄⋯ Ⅲ. ①城市–灾害–风险评价–研究 Ⅳ. ①X4

中国版本图书馆 CIP 数据核字（2022）第 154656 号

责任编辑：陈会迎／责任校对：王晓茜
责任印制：张　伟／封面设计：有道设计

科学出版社 出版
北京东黄城根北街 16 号
邮政编码：100717
http://www.sciencep.com

北京中科印刷有限公司 印刷
科学出版社发行　各地新华书店经销

＊

2023 年 6 月第 一 版　开本：720×1000　B5
2023 年 6 月第一次印刷　印张：14 1/4
字数：280 000
定价：168.00 元
（如有印装质量问题，我社负责调换）

前　言
FOREWORD

　　城市是政治、经济、文化、交通的中心，人口密集、财富集中、建筑物密度高，基础设施和生命线工程发达且密集。我国正经历世界上规模最大、速度最快的城市化进程。1978～2020年，我国城镇化率从17.9%提升到了63.89%。以雄安新区、京津冀、长三角、粤港澳大湾区等为代表的新型城市、城市群快速发展。

　　随着城市人口急剧集中、经济快速发展，灾害事故隐患不断增加，城市突发事件往往造成严重的人员伤亡和经济损失。类似汶川地震、青岛"11·22"输油管道爆炸、天津港"8·12"特大爆炸、北京"7·21"特大暴雨、湖北省十堰市"6·13"重大燃气爆炸事故、河南郑州"7·20"特大暴雨等突发事件给我国城市造成了巨大破坏和经济损失。新型城市、城市群的发展也使得城市安全风险加大，易成为灾害事故的滋生地。新的灾种和致灾源不断产生，人为因素的致灾、成灾频率提高，灾害的"放大效应"更为显著。

　　城市是一个有组织高效率的社会，也是一个脆弱的承灾体，城市是人—物—系统的耦合体，其脆弱性要考虑以人为本的社会脆弱性和以物与系统为主的物理脆弱性。城市面临的灾害事故风险复杂多样：地震、台风、暴雨、洪涝、地质灾害、火灾、爆炸、危化品泄漏、生命线系统事故、传染病疫情等，呈现出典型的多灾种特征，连发性、耦合性强。在许多情况下，各种灾害事故并非单独发生，而是在某一种灾害发生后常常诱发一种或多种灾害，形成复杂的灾害链。现代城市的各个子系统之间在空间上和功能上均高度关联，相互之间有很强的依赖性，城市任何一次强度较大的灾害都可能引起多种次生灾害和衍生灾害，形成灾害链，甚至灾害群。这种特征极大地扩大了灾害的危害范围和破坏损失程度。

　　因此，为了适应我国快速城市化的趋势和新时代的城市公共安全风险特征，有必要进行城市脆弱性分析与多灾种综合风险评估技术的研究，为政府制定城市风险管理政策和措施提供依据，为应对城市突发事件提供决策参考，这既是各级政府提高城市安全保障水平的重大需求，也是国际城市公共安全研究领域关注的热点问题。在城市安全问题日趋复杂、城市安全保障受到政府、社会和公众的普遍与高度重视的当前，我国政府提出了"预防为主、关口前移"的应急管理方针，并对风险评估工作给予高度重视。充分认识城市可能存在的各种风险，对各区域的潜在风险进行科学合理的评估，是应急准备与预防工作的重要体现，有利于制定合理的城市安全布局与规划，制定科学高效的应急预案，从而切实提高政府应对突发事件的能力和公共安全保障能力。

本书聚焦脆弱性分析和风险评估技术在城市公共安全领域的研究与应用，探讨城市脆弱性分析和多灾种综合风险评估技术、方法与系统。本书共分为 9 章：第 1 章为绪论，介绍本书的研究背景与主要内容；第 2 章介绍城市脆弱性分析与风险评估技术研究进展；第 3 章介绍城市公共安全综合风险评估理论与方法；第 4 章介绍城市社会脆弱性分析，并分析灾害信息传播对城市社会脆弱性的影响；第 5 章介绍城市物理脆弱性分析方法，选取建筑脆弱性和生命线脆弱性进行阐述，并以城市燃气管网为例介绍多方式监测与反演预警研究；第 6 章选取台风、暴雨和地面塌陷三类自然灾害，介绍基于指标体系的典型城市灾害风险评估；第 7 和第 8 章分别以城市台风事件链和罐区突发事件链为例，对基于突发事件链的风险评估方法进行阐述；第 9 章介绍城市风险评估数据的收集与处理，并介绍城市脆弱性分析和多灾种综合风险评估系统。

本书是由作者和研究团队成员共同完成的，团队成员主要包括：李云涛、张楠、苏伯尼、赵金龙、王岩、倪晓勇、唐卿、赵前胜、罗年学、姜鲁光、陶迎春、陈品祥、吕颖、肖安山、朱亮、周欣、韩敏艳、张汀镐、代鑫、马翰超、范子瑜、兰凤仪等。在此，谨对上述参与撰写的全体人员表示衷心的感谢。

本书的主要内容得到以下科研项目的资助：国家自然科学基金重大项目（72091512）、国家重点研发计划（2018YFC0809900）、国家科技支撑计划（2015BAK12B01、2011BAK07B02）、国家自然科学基金面上项目（71173128）等，特此表示衷心的感谢。

本书涉及的内容是一个较为新兴的课题，其中还有许多方面的研究有待进一步深入和完善，由于本书作者水平有限，研究还比较粗浅，疏漏和不足之处在所难免，敬请读者批评指正。

作　者
2022年4月于北京

目 录

CONTENTS

第1章 绪　论

CHAPTER 1

　　随着我国经济的快速发展，城市化进程日新月异。由于城市系统复杂、人员密集，一旦出现灾害事故，其后果往往会更加严重，人们对城市安全问题的关注度越来越高。采取切实有效的措施预防灾害发生、减少灾后损失、加快城市灾后恢复时间，成为全社会的重要需求。在此背景下，城市脆弱性分析与多灾种综合风险评估研究应运而生，并迅速成为研究热点。本书的主要内容为介绍城市脆弱性评价方法和城市多灾种综合风险评估技术与系统研究。本章首先介绍城市脆弱性以及城市多灾种综合风险评估技术的研究背景及研究意义，然后介绍本书主要的内容，以便读者快速了解本书的结构。

1.1　城市脆弱性分析的研究意义

　　进入 21 世纪以来，中国城镇化发展迅速。2012 年，中国城镇化率突破 50%，中国城镇人口首次超过农村人口，中国城市化进入关键发展阶段。至 2020 年，中国城镇化率已达到 63.89%，城镇常住人口数已达到了 9.02 亿人。"十四五"期间，中国城镇化率预计平均每年提高 1.03 个百分点，未来 20 年，城镇化仍是中国社会变迁的主旋律，中国城镇化率峰值将出现在 75%～80%（张车伟和蔡翼飞，2022）。据推断，中国的城市人口将于 2025 年达到 9.26 亿人，到 2030 年将突破 10 亿人（麦肯锡，2008）。

　　城镇化进程对于推动我国国民经济的发展有着重要的作用，在人口转化、产业调整、科技进步、文化交流等领域均有积极的影响。同时，如环境污染、住房紧张、交通拥堵等一系列负面影响也伴随着城镇化的进程而不断涌现。

　　公共安全问题是城镇化进程中日益凸显的关键问题之一。城镇化进程的发展带来了人口、资源、经济、技术、文化等的密集化，也伴随着公共安全问题的日趋复杂和严峻。城市是所在地区的政治、经济、文化、交通中心，人口密集，具有财富集中、建筑物密度高、基础设施和生命线工程发达且密集的特点，一旦发生突发事件，往往造成严重的人员伤亡和经济损失。由于城市人流量大、交通和信息技术发达、媒体传播迅速，因此突发事件极易演变为社会危机并迅速扩散。如果应对不当，危机极有可能变成区域性甚至全国性的社会危机。

城市是一个有组织、高效率的主体，也是一个脆弱的主体，这种"脆弱性"主要体现在以下方面。

（1）城市的正常运行都是在各类生命线系统的牵引下实现的，水、电、燃气、交通、通信、物流等，任何一个环节出现问题都可能引发城市的大瘫痪。

（2）由于城市（尤其是大城市）人口、基础设施密集，人员流动频繁，在同样的灾害面前，城市（尤其是大城市）的损失和危害要远大于农村地区。

（3）城市地区一般自有的自然资源有限，如粮食、能源、原材料供应以及产品销售等，对外部的依赖性较强，一旦外部出现问题将给城市生产生活带来冲击。

（4）随着社会经济的快速发展，人口群体的不断分化，不同群体的收入差异和消费能力差异的扩大将导致社会不稳定因素集聚。

1995 年 1 月 17 日发生在日本关西重要城市神户的阪神大地震造成 6434 人死亡，43792 人受伤。分析其原因，主要是城市抗震设防较差，房屋、交通设施及生命线工程大量被毁坏。城市内建筑物密集，使得地震引发的火灾蔓延。同时，由于震后神户市通信不畅，道路阻塞，引发灾区人员恐慌的情绪，给救灾工作带来了极大的困难。[①]

2005 年 8 月 28 日，卡特里娜飓风袭击美国新奥尔良市。风暴潮冲垮了防洪堤，城市 80%的地区被水淹没，致使超 1800 人死亡，100 万人被迫转移。飓风造成的损失高达 1350 亿美元，是美国有史以来损失最大的自然灾害。灾害引发了大规模的骚乱，全城陷入无政府状态，面临严重的社会治安问题。[②]

2021 年 6 月 13 日，湖北省十堰市某小区发生天然气爆炸事故，41 厂菜市场被炸毁，爆炸事故造成 26 人死亡，138 人受伤，其中重伤 37 人，直接经济损失约 5395.41 万元。事故直接原因为天然气管道泄漏，在密闭空间内聚集遇火星发生爆炸，大量的玻璃被炸碎，墙壁被炸裂，空气的流动性导致燃气爆炸极易引发连锁反应，再加上爆炸地点周围人员密集，现场众多人员受伤。[③]

2021 年 7 月 20 日，河南省郑州市及其周边地区遭遇历史罕见特大暴雨，发生严重洪涝灾害。灾害共造成河南省 150 个县（市、区）1478.6 万人受灾，致使 398 人死亡失踪，直接经济损失 1200.6 亿元。城市道路、桥梁、水利工程多处受损，涝水冲毁停车场挡水围墙，灌入地铁、隧道，引发水库漫坝、山洪灾害，造成重大人员伤亡。[④]

---

① https://baike.baidu.com/item/%E9%98%AA%E7%A5%9E%E5%A4%A7%E5%9C%B0%E9%9C%87/3228750?fr=aladdin
② https://baike.baidu.com/item/%E5%8D%A1%E7%89%B9%E9%87%8C%E5%A8%9C/17287?fr=aladdin
③ http://yjt.hubei.gov.cn/yjgl/aqsc/sgdc/202109/P020211002415958135749.pdf
④ https://www.mem.gov.cn/gk/sgcc/tbzdsgdcbg/202201/P020220121639049697767.pdf

综合上述案例不难看出，城市在大地震、台风、暴雨等自然灾害以及生命线系统破坏等事故灾难面前显得尤其脆弱。任何一个城市都有脆弱性的一面，其脆弱性有共性，也有差异性，不同城市的脆弱性有自己的偏重，不同的突发事件环境下城市脆弱性也不尽相同。因此，对城市脆弱性的风险分析不能一概而论，而应采取科学、有效的方法。城市作为一个复杂的巨大系统，在运行过程中，状态是开放的、动态的、不确定的，所以城市的脆弱性也存在很大的模糊性。因此，有必要利用科学的风险分析方法，对城市的脆弱性进行系统的分析。

1.2　城市多灾种综合风险评估的研究意义

在城市安全问题日趋复杂，城市安全保障受到政府、社会和公众的普遍与高度重视的当前，我国政府提出了"预防为主、关口前移"的应急管理方针，并对风险评估工作给予高度重视。城市面临的自然灾害、事故灾难、公共卫生事件和社会安全事件，及其相互次生衍生和耦合事件的冲击，对城市发展和人民生活也造成了严重影响。城市灾害种类繁多且差异性大，灾害造成的损失异常严重，灾害连发性和耦合性强。开展城市多灾种综合风险评估研究已成为当务之急。

城市面临的灾害风险呈现以下特点。

（1）灾害的种类繁多、差异性大。城市面临的灾害风险是复杂多样的：地震灾害、洪水灾害、地质灾害、食品安全危害、火灾爆炸和危化品泄漏、生命线系统事故风险等，形成这些灾害的原因与机理、产生的过程、方式与后果及其影响的时空范围等都存在着极大的差异。

（2）灾害对象多，灾害造成的损失异常严重。由于城市人口密集，经济发达，各类设施高度集中，所以城市灾害造成的损失异常严重。同时，城市的发展与扩张意味着新的灾害源不断增加，暴露在灾害中的承灾载体（人员、设施等）不断增加，这不仅使灾害发生的可能性增加，也使同等强度灾害造成的损失和影响加大。

（3）连发性、耦合性强。在许多情况下，各种灾害并非单独发生，在某一种灾害发生后常常诱发一种或多种灾害，形成复杂的灾害链。现代城市的各个子系统之间在空间上和功能上均高度关联，相互之间有很强的依赖性，城市任何一次强度较大的灾害都可能引起多种次生灾害和衍生灾害，形成灾害链和灾害群。这种特征扩大了灾害的危害范围和破坏损失程度。

由于城市系统本身的复杂性，城市公共安全问题呈现出多种灾害连发、并发且耦合作用的现象。例如，阪神大地震中，地震引发了城市大面积的火灾，造成的通信、交通中断又反作用于地震救援，阻碍了正常的灾害应急。美国卡特里娜飓风致使城市全面瘫痪，城市陷入恐慌、骚乱和暴力之中，即使在飓风之后，也无法尽快完成灾后重建。湖北十堰天然气爆炸产生连锁反应，波及周围人员密集的居民区，致使众多人员受伤。河南郑州"7·20"特大暴雨，引发城市内涝，致使生命线系统受损。由此可见，城市已面临多灾种综合风险，了解并合理地评价城市的脆弱性特征，对于减少城市灾后损失，加快城市灾后恢复，乃至增强城市的韧性，有着至关重要的作用。

作为城市的组织与管理者，政府在面对城市脆弱性问题时可以通过合理运用其拥有的资源和强制力有效地降低风险，城市管理者有义务和责任建立新的风险管理体系和控制机制，以更好地做到风险评估和风险管理。做好风险评估工作有助于提升面对突发事件的应急处置能力，可以有效降低或缓解突发事件的危害与影响，是创造良好公共安全环境的关键，更是实现科学高效的公共安全保障与应急管理的重要基础和前提。防患于未然是中国的古训，充分认识城市可能存在的各种风险，对各区域的潜在风险进行科学合理的评估，是制定合理的安全布局与规划，制定科学高效的应急预案，从而切实提高政府应对突发事件能力的基础。对于城市管理者，需要尽可能全面地了解城市区域中的风险，判断其区域风险级别，分析城市区域风险的组成，考虑这些风险组成的相关性，这些都需要开展城市综合风险评估研究，为确定城市区域综合风险控制措施和应对城市突发事件提供决策参考。

1.3　本书的主要内容

本书在充分调研国内外有关城市灾害综合风险评估技术的基础上，以公共安全三角形理论为指导，从突发事件危险性、承灾载体脆弱性和应急能力三个方面考虑城市公共安全的综合风险，并以此为基础提出了基于指标体系的城市公共安全综合风险评估方法和基于突发事件链演化动力学的城市多灾种综合风险评估方法。

本书共分为9章。第1章为绪论，介绍本书的研究背景与主要内容；第2章介绍城市脆弱性分析与风险评估技术研究进展；第3章介绍城市公共安全综合风险评估理论与方法；第4章介绍城市社会脆弱性分析，并分析灾害信息传播对城市社会脆弱性的影响；第5章介绍城市物理脆弱性分析，选取建筑脆弱性和生命线系统脆弱性进行阐述，并以城市燃气管网为例介绍多方式监测与反演预警研究；第6章选取台风、暴雨和地面塌陷三类自然灾害，介绍基于指标体系的典型城市灾害风险评估方法；第7和第8章分别以城市台风事件链和罐区突发事件链为例，介绍基于突发事件链的风险评估方法；第9章介绍城市风险评估数据的收集与处理方法，并介绍城市脆弱性分析和多灾种综合风险评估系统。

第 2 章

城市脆弱性分析与风险评估技术研究进展

目前，城市脆弱性分析和多灾种风险评估领域的研究在国内外是一个很热门的话题，专家学者提出了许多与城市脆弱性及风险评估相关的研究理论和概念。本章主要以文献综述的形式梳理了目前国内外关于城市脆弱性以及灾害综合风险评估技术的研究进展。主要从城市脆弱性分析、灾害风险评估、灾害风险管理、灾害链和事件链、多米诺效应研究、多灾种耦合研究、Natech 事件研究、风险评估系统研究八个方面进行简要介绍。以便读者了解城市脆弱性和风险评估研究中的一些基本概念与热点研究方法，对城市脆弱性理论有更好的理解。

2.1 城市脆弱性分析

目前，国内灾害风险评价主要包括三方面内容：一是危险性分析，二是脆弱性分析，三是期望损失分析。其中，危险性分析是前提，脆弱性分析是基础，期望损失分析是核心。

不同的脆弱性定义产生不同的评价指标体系和评价方法。从目前国内外的研究情况来看，脆弱性定义可以分为三类：第一类是用承灾体本身指标来反映承灾体的特性，如海岸带海平面上升的脆弱性研究；第二类是把自然现象与社会后果联系起来，或认为是相互联系的两个系统的函数；第三类是用自然现象的社会后果来定义脆弱性概念，如把脆弱性定义为暴露于危险中的某一特定对象的潜在损失程度。我国学者的观点多属于第三类，但各有见解，如将脆弱性定义为社会经济水平分布及其承灾能力，或特定社会的人及其所拥有的财产对自然灾害的承受能力。

"脆弱"和"脆弱性"源于英文 Vulnerable 和 Vulnerability。联合国人道事务部（Department of Humanitarian Affairs）1992 年给出的 Vulnerability 定义为由于潜在损害现象导致的损失程度（从 0%到 100%）。

脆弱性分析是对灾害的社会属性进行分析,通过对评价区内各类受灾体数量、价值和对不同种类、不同强度灾害的敏感程度与抗御能力进行综合分析,以及防治工程、减灾能力分析,综合评价承灾区脆弱性,确定可能遭受灾害危害的人口、工程、财产以及国土资源的数量(或密度)及其破坏损失率。

从大的方面来看,针对城市脆弱性的研究可以分为两个部分,即城市的社会脆弱性和物理脆弱性。其中,社会脆弱性又可分为人口脆弱性、经济脆弱性等。人口脆弱性,有时与社会脆弱性合为一体,即 socio-demographic vulnerability。在社会脆弱性研究中引入人口变量要素,最早从 Glewwe 和 Hall(1998)的研究开始,成为脆弱性研究中相对独立的领域。在 2000 年的拉丁美洲和加勒比经济委员会(Economic Commission of Latin American and the Caribbean,ECLAC)大会上,拉丁美洲和加勒比人口中心(the Latin American and Caribbean Demographic Center,CELADE)介绍了该组织对拉丁美洲和加勒比地区社会-人口脆弱性进行的研究。该研究显示,在灾害或社会经济危机之中,家庭是最容易受到影响的,即在收入和家庭支出上下降最多的家庭,往往存在显著的人口特征,其中最为突出的人口特征是家庭年龄结构与妇女的婚育状态:夫妻离异、妇女独自抚养儿童的单亲家庭或老人数量更多的家庭,更容易在经济危机或灾害中受到影响。

人口脆弱性研究框架一般可总结为三个步骤:①界定与长期人口过程相关的社会、人口风险预警;②当这些长期风险变为现实并发生作用时,识别其在社会领域的影响;③评价最有可能受风险影响的社区、家庭、个人三个层面对社会影响的反应能力或适应性,从而评估社会-人口脆弱性。

可见,社会-人口脆弱性研究强调在长期社会经济人口过程中对社区和家庭产生实际影响的事件,而不仅仅局限或不太关注短期内产生巨大影响的灾害或事故;同时,研究对象以社区和家庭甚至个人为核心,地域和空间差异的概念则相对弱化。

目前,国际上开展了许多关于社会脆弱性的研究,但有关经济脆弱性的研究却相对较少。经济系统是一个复杂系统,随着经济全球化的发展,社会分工日益精细,产业链变得越来越长,企业越来越多,且地域分布更加宽泛,产业链系统演进成由不同地区(甚至全球分布)的供应商、制造商、分销商、批发商和零售商组成的复杂网络系统,众多参与者和它们之间的相互依赖关系使得系统更加复杂,系统上任何节点发生事件往往很快影响到与之相连接的上下游企业,进而沿着链条连接影响到所有企业。因此,一个突发事件可能会对整个产业链的正常运营产生严重影响,产业链系统在公共安全事件面前往往表现得十分脆弱。

在物理脆弱性方面,Janssen 等(2006)指出,过去 30 年,在 2286 份权威出版物中，脆弱性术语出现了 939 次，"脆弱性"一词越来越多地出现在科研和政府管理文件中，备受研究者和决策者关注。Timmermann（1981）曾经认为"脆弱性"概念过于宽泛，成了一个广受青睐的修饰性词语。在灾害学研究中，脆弱性的概念多种多样，最有代表性的包括：联合国国际减灾战略（International Strategy for Disaster Reduction，ISDR）认为脆弱性是由自然、社会、经济、环境等共同决定的，增强社区面临灾害敏感性的因素；考虑到脆弱性研究最终是为决策服务的，Cannon 等（2003）认为，与贫穷等表示现状的词语相比，脆弱性更注重前瞻和预测性，是对具体灾害和风险条件下特定人群产生后果的解释；环境和人类安全协会给出了一个较为新颖和全面的概念，认为脆弱性是风险受体（社区、区域、国家、基础设施、环境等）的内部和动力学特征，决定了特定灾害下的期望损失，由自然、社会、经济和环境因素共同决定，随时间发生改变（Bohle and Warner，2008）。BBC（British Broadcasting Corporation，英国广播公司）发展了这一概念，在致灾因子-脆弱性链中表达了脆弱性的意义（Birkmann and Wisner，2006）。

众多概念的存在，并没有完全解除人们对脆弱性概念的疑惑，众多学者和机构通过类别划分，对脆弱性概念进行了进一步的阐释。例如，Moss 等（2001）从系统本身的物理环境、社会经济条件和外部援助三个尺度把握脆弱性概念。O'Brien 等（2004）认为脆弱性定义是从灾害发生后和灾害发生前两个方面来解释损失程度差异的原因。林冠慧和张长义（2006）在 Adger 和 Agnew（2004）研究的基础上，指出脆弱性有两种基本的内涵：一是强调灾害对系统产生伤害的程度，来自传统灾害与冲击评估的研究途径，即为化学物理类的脆弱性，不考虑人类的主动应对能力；二是强调脆弱性为系统在遇到灾害之前就存在的状态，主要探讨人类社会或者小区受灾害影响的结构性因素，认为脆弱性是从人类系统内部固有特质中衍生出来的，因此可以称为"社会的脆弱性"。Cutter 等（2003）把脆弱性研究分为三种类型：第一类是把脆弱性理解为一种暴露性，即使人或地区陷入危险的自然条件；第二类是把脆弱性看作社会因素，衡量其对灾害的抵御能力（恢复力）；第三类是把可能的暴露与社会恢复力在特定的地区结合起来。

危险性和脆弱性各自独立而又相互关联，危险性属于自然系统，人类很难左右，脆弱性则更多地关注社会经济系统，是防灾减灾的重点。苏桂武和高庆华（2003）对两者的关系进行了总结归纳：①风险源的危险性是脆弱性存在的外因和条件，承灾体的脆弱性形式和水平随风险源种类不同而不同，脆弱性强度随风险源变异强度的增大而增大；②承灾体自身的性质是其脆弱性产生的内因和基础，对于同一承灾体，自身的特点决定其对不同类型风险源具有不同性质和程度的反应，承灾体相对该风险源的脆弱性高低，取决于该承灾体在组成、结构和功能上的优良程度及其抗干扰能力；③承灾体相对于风险源的脆弱性高低，还与风险源与承灾体间的相互作用方式密切相关，例如，来自地震的水平方向上的振动和垂直方向上的振动对建筑物的作用效果具有明显差异等。

传统灾害研究只关注致灾因子，对灾害发生的机制、强度、频率及其分布等进行探讨后，人们认识到，灾害造成的后果比灾害本身更值得关注，因此把风险（灾损的概率）概念引入灾害研究。风险是致灾因子危险性、承灾体暴露性和脆弱性共同作用的结果，同等程度暴露在同等致灾因子作用下，承灾体脆弱性越大风险越大。脆弱性这一概念的出现，使灾害研究重心从自然系统转移到人类社会系统，其本身也是灾害风险研究和传统致灾因子研究的桥梁。全球尺度的灾害风险指标计划和热点计划曾把灾情当作已实现了的"风险"，根据区域暴露性分析影响当地自然灾害脆弱性的主要因素。

2.2　灾害风险评估

灾害风险评估是对一定时期内风险区遭受不同灾害的可能性及其可能造成的后果进行的定量分析和评估。国内外对灾害的研究历史久远，但灾害风险评估是在 20 世纪中后期随着灾害研究不断深入和保险业的迅猛发展开始兴起的。20 世纪前半叶的早期研究主要侧重于灾害机理、形成条件、活动过程和灾害预测方面；工程项目则比较重视灾害发生的可能性的研究（周寅康，1995）。其中，尤以 20 世纪 30 年代美国田纳西河流管理局进行的风险分析为代表，该研究探讨了洪水风险分析和评价的理论与方法（杨郁华，1983）。

20 世纪 70 年代以后，随着灾害风险评估由传统的成因机理分析及统计分析，发展到与社会经济条件分析紧密结合，灾害风险评估过程逐步由定性的评估转化为半定量评价或定量评价，灾害评价工作才正式兴起。一些发达国家开始进行比较系统的灾害风险评价理论、方法的研究。1973 年，美国对加利福尼亚州的自然灾害风险评价中包括了洪水、海啸、风暴潮等自然灾害（Roth，1982）。同一时期，美国地质调查局和住房与城市发展部的政策发展与研究办公室，联合研制预测模型对美国各县的洪水、地震、台风、风暴潮、海啸、龙卷风、滑坡、强风、膨胀土等 9 种自然灾害进行期望损失估算（马寅生等，2004）。理论上，Blaikei 等（2014）从致灾因子、孕灾环境和承灾体综合作用的角度阐述了资源开发与自然灾害的关系，并提出灾害是承灾体脆弱性与致灾因子综合作用的结果。进入 80 年代，日本、英国等也先后进行了洪水、台风、海啸等方面的气象灾害评价（罗培，2005）。90 年代后，美国联邦应急管理局（Federal Emergency Management Agency, FEMA）和国家建筑科学院（National Institute of Building Sciences，NIBS）共同研制出地震、洪水、飓风三种灾害的危险软件评估系统（Hazards U.S., HAZUS）

（Apel et al.，2004）。除美国外，日本、英国、澳大利亚、意大利等一些国家的研究者也陆续开展了洪水、海啸、地震、泥石流、滑坡等灾害的风险评价（王飞，2005）。灾害风险评价工作在防灾减灾中的作用和地位日益凸显。1999 年国际减灾十年科学与技术委员会（Scientific and Technical Committee for the International Decade for Natural Disaster Reduction）在其"减灾十年"活动的总结报告中，列出了 21 世纪国际减灾界面临的五个挑战性领域，其中三个领域与灾害风险问题密切相关。与此同时，在国际研究层面上，联合国开发计划署（United Nations Development Programme，UNDP）开展了全球范围内的"灾害风险指数系统"研究，世界银行联合哥伦比亚大学也进行了全球性的"灾害风险热点地区研究计划"，美洲开发银行联合哥伦比亚大学对美洲国家进行了灾害风险管理指标系统的评估（齐洪亮，2011）。这表明，灾害风险评价研究已经成为当前国际减灾领域的重要研究方向。

在我国，最初的研究主要侧重于灾害的自然属性，20 世纪 80 年代以来，灾害的社会经济属性逐步引起普遍关注，此时的灾害研究既重视灾害的自然属性，又重视灾害的社会经济属性。在实践方面，分属地震、地矿、气象、水利、农林、GIS（geographic information system，地理信息系统）等研究领域的专家对地震、滑坡、泥石流、干旱、洪水、台风等灾害进行了区域性乃至全国性的风险分析或灾情预测，关于风险评价方法、技术的诸多研究成果陆续出现（于大鹏，2010），如李世奎等（2004）对气象灾害风险的研究、聂高众（2002）对各类地质灾害风险评价的研究。

在理论方面，灾害评价理论、方法和技术也得到了日益的加深和总结。黄崇福（2005）在论述自然灾害风险评价基本理论的基础上，着重介绍了不完备信息条件下自然灾害风险评价的理论和模型，并展示相关实例。史培军（1996）在对灾害理论研究中的致灾因子论、孕灾环境论、承灾体（人类活动）论综合评述的基础上，提出区域灾害系统论的理论观点，认为灾情是致灾因子、孕灾环境与承灾载体综合作用的结果。张继权等（2006）将风险评价与管理理论应用于灾害评价中，提出了一定区域自然灾害风险的形成一般具有四个最重要的因素，即危险性、暴露性、承灾体的脆弱性和防灾减灾能力等。

至于区域的多灾种风险综合评价，特别是针对突发事件链的风险评价，目前国内外尚缺乏系统的理论和方法体系总结，需要进一步探讨。

2.3　灾害风险管理

风险管理是指个人、家庭或组织（企业或政府单位）在对可能遇到的风险进行风险辨识、风险分析、风险评估的基础上，优化组合各种风险控制技术，对风险实施有效的控制和妥善处理风险所致损失的后果，期望达到以最小的成本获得最大安全保障的科学管理方法。

风险管理的目标分为两种：一是在风险事故发生前，降低风险事故发生的概率；二是在风险事故发生时和发生后，将损失减小到最低程度。因此，风险管理的本质是减少损失概率或损失程度。风险管理的过程及其机制表现在：①控制损失的根源在于损失发生的根本原因，意义在于从损失的源头入手控制；②除了损失根源，还可以减少已有的风险因素；③如果损失根源和风险因素都没有控制住，风险事故发生了，还可以做一项工作，那就是减轻损失。

人们想出各种办法来对付风险，但无论采用何种方法，风险管理的一条基本原则是：以最小的成本获得最大的保障。通常可以通过下述内容来理解其内涵。

（1）风险管理的主体是个人、家庭或者组织。由此可见，风险管理这个概念的外延很大。

（2）风险管理是在风险辨识、分析、评估等环节基础上通过计划、组织、指导、控制等过程，综合、合理地运用各种科学方法来实现其目标。

（3）风险管理以选择最佳的风险管理技术为中心，要体现成本效益的关系，应从最经济合理的角度来处置风险，在主观条件允许的情况下，选择最低成本最大效益的方案，制定风险管理决策。

（4）风险管理的目标是以最低的成本实现最大的安全保障。因此，通过探求风险发生、变化的规律，认识、估计和分析风险对经济生活所造成的危害，选择适当方法处置风险，尽量避免损失，以保障经济社会发展的稳定性和连续性。

（5）风险管理是一个动态的过程。由于个人、家庭或组织内外部的环境是不断变化的，因此，在风险管理的实施过程中，应根据风险状态的变化，及时调整风险管理方案，对偏离风险管理目标的行为进行修正。

国际上，1990年联合国正式启动"国际减灾十年计划"，提出"加强灾害管理 减少灾害风险"的减灾主题。20世纪末，日本京都大学防灾研究所提出了综合灾害风险管理的概念和基本理论（Okada，2004），将综合灾害风险管理的新观点纳入灾害预防，逐渐在世界范围内广泛推广。早期风险管理以地质灾害为主，张继权等（2006）从自然灾害风险的结构和形成机制出发，认为自然灾害风险管理是全灾种、全过程的灾害管理，提出了预防损失、减轻损失、风险转嫁、风险自留等的管理对策。向喜琼（2005）提出从区域上对地质灾害进行风险评价和管理的基本构想。崔鹏和邹强（2016）在对山洪和泥石流灾害风险辨识与风险评估的基础上，综合考虑投资—收益与实施条件，从避难搬迁、监测预警、预防措施、治理工程、居民点规划与重建等角度控制灾害风险。近年来，部分学者基于社区对灾害风险管理理论展开研究，主张通过政策、教育和社会管理等手段，动员社区力量积极参与灾前的防灾与备灾工作以及灾后对灾害的处置与评估，借此构建高效的组织管理模式（Kafle and Murshed，2006）。隋永强等（2020）认为，基于社区的灾害风险管理依托"自下而上"与"自上而下"有机结合，是一个多元协同应急治理框架。美国的"防灾型社区"强调社区主导和民众参与，政府部门仅发挥指导与协调作用，使社区的防灾、应灾与救灾能力得到提升。总体来说，灾害风险管理理论在国外取得了一定的应用成效，为我国风险管理提供了有益借鉴。

2.4　灾害链和事件链

灾害链（也有学者称为灾变链），指的是自然界或人为因素的存在而导致的灾害，以一定的载体表现出来，在灾害中和灾害之间可能存在着渗透、转化、耦合等过程，最终造成损失和破坏的总称。近年来，公共安全的形势越来越严峻，突发事件扩大了灾害的外延，也有了事件链的提法，来描述突发事件发展的不同阶段和过程，以及可能造成的次生、衍生事件，常以链式图的方式呈现（袁宏永等，2008）。

国外方面，灾害链的提法较为少见，多是结合各个国家和地区的实际情况针对某一具体灾害的分析。Menoni（2001）在对日本阪神大地震进行分析时指出，地震中出现的直接或间接灾害可以用灾害破坏失效链的概念去替换，而不是简单的灾害耦合关系。其他对于灾害链的研究都以某一灾害类别为切入点，例如，Kääb（2002）从数字地形模型和航天飞机雷达地形测绘的角度着手，探究了地质灾害的链式效应和互动过程；Apel 等（2006）对洪水灾害链进行了分析，提出了基于蒙特卡罗模拟建立的概率风险评估方法。

国内也对灾害链开展研究。李永善（1986）在研究灾害及灾害系之间的联系时，将天文灾害、地球灾害和生物灾害确定为一种有相互作用的灾害链。同一时期灾害链被纳入灾害物理学的一部分，初步按形式可分为四类：因果链、同源链、互斥链和偶排链（郭增建和秦保燕，1987）。进入 20 世纪 90 年代后，灾害链中的大气灾害链（气象灾害）由于与人类的关系最密切，人员伤亡和经济损失最严重，因而最先得到了学者的关注。对于灾害链的形状也有了初步的勾勒，包括鞭状、树枝状、环状、多链（文传甲，1994）。灾害链的划分方法也出现了以灾害过程为主导的新角度，可以划分为串发性灾害链和并发性灾害链（史培军，1991）；也可以划分为灾害蕴生链、灾害发生链、灾害冲击链（陈兴民，1998）。史培军（2002）提出了四种在现实生活中经常见到的灾害链：台风-暴雨、干旱、寒潮和地震灾害链。系统理论和数学方法开始用于进一步揭示灾害链的内涵和规律，产生了自然灾害的链式关系结构模型。从灾害外部环境和系统状态的角度，人们试图以断链减灾的方式来降低灾害链带来的风险。也有学者从不同的角度按照性状提出了新的划分方法，将灾害链划分为崩裂滑移链、支干流域链、周期循环链、蔓延侵蚀链、树枝叶脉链、波动袭击链、冲淤沉积链、放射杀伤链（肖盛燮，2006）。陆续有学者针对某一具体灾害链开展了更加深入的研究，不再局限于宏观的对灾害链共性的探讨，如地貌灾害链、矿山地质灾害链、地震堰塞湖灾害链、强降雨滑坡灾害链、暴雪冰冻灾害链等。

近年来，对于灾害链演化过程的认识也渐渐清晰，区域的动力学环境、介质结构等被认为是灾害链发生的必要条件。在灾害科学体系中，区分了"灾害链"和"多灾种叠加"的不同（史培军，2009）。在研究方法上，复杂网络的相关理论被引入，王建伟和荣莉莉（2008）构建了突发事件连锁反应网络模型，描述了事件链的网络特性。

灾害链的研究对人们理解灾害形成过程，开展对灾害系统的风险评估，加强区域抗风险的能力有着重要的意义。国内外现有的研究主要是以从历史案例中总结的重大、典型灾害链探讨和分析为主，定量的研究不多见。对于自然灾害内部的链式效应研究较多，跨灾种的研究有待进一步拓展，以形成完整的灾害链研究体系。

2.5　多米诺效应研究

伴随着工业的兴起与发展，事故灾难接踵而至。许多学者在研究这类灾害的时候发现并提出了事故灾难的多米诺效应。多米诺效应是事故灾难的连锁和扩大反应，通常是由一个初始事件引发的，通过物理效应影响邻近设备，导致一系列其他事故，并使得事故的后果扩大化。

早在 1982 年，欧洲共同体颁布的《工业活动中重大事故危险法令》（ECC Directive 82/501，简称塞韦索法令）就明确提出了多米诺事故对化工企业的影响。后续的修订工作补充了对重大危险源生产场所进行多米诺效应评估的要求，并设置了相关的评价标准和预防措施。Khan 和 Abbasi（1998）对引发多米诺效应的事故类型进行了分类：热辐射、冲击波超压、抛射碎片。在系统评估设备损失概率的基础上，开发了化工区域适用的多米诺效应风险计算软件——DOMIFFECT。然而上述概率模型存在一定的缺陷，针对不同物理过程触发多米诺效应的阈值问题等，许多学者开展了修正模型的研究，主要有热辐射扩展模型、超压扩展模型、抛射碎片扩展模型。

Cozzani 等（2005）加入了对设备体积、热辐射时间等的考虑，建立了更为合理的热辐射扩展概率模型。随后，Cozzani 等（2007）进行了进一步的细化，从设备类型和损坏程度两个方面讨论了不同情况下冲击波超压破坏设备的阈值。在上述模型的研究基础上，开发了基于 GIS 的定量风险评估软件，以计算个人风险、社会风险和潜在人员伤亡指数。Gubinelli（2004）从化工设备爆炸后的碎片抛射入手，研究碎片的随机性和到达不同距离的概率曲线，进而获得引起多米诺效应的相关依据。陆续地，其他的一些石油化工企业也开发了自己的商业软件，用于评估多米诺效应和事故灾难扩大的影响因素。

在概率模型之外，Kourniotis 等（2000）对重大危险源的多米诺效应可能性和后果进行了历史案例分析，提出了统计学模型。在对多米诺效应的管理措施方面，Reniers 和 Dullaert（2007）开发了 DomPrevPlanning（DPP）决策支持软件，并提出了跨厂区综合预防多米诺效应的安全管理思路。

国内的多米诺效应研究多是从概率模型的角度，考虑不同影响因子修正不同物理过程造成多米诺效应的概率，进行完善和改进。张永强等（2008）建立了危险品区域多米诺效应风险评估模型，计算设备的风险指数和多米诺事故的后果。赵东风和王晓媛（2008）对油库火灾爆炸事故的多米诺效应进行了安全评价，预测了多米诺效应发生的概率及后果，提出了控制措施。钱新明等（2009）考虑了风速对球罐爆炸抛射碎片击中概率的影响，采用蒙特卡罗法进行了模拟验证。陈刚等（2011）对由抛射碎片引发的多米诺效应模型进行了发展，重点研究了储罐间距和体积对发生概率的影响。

国内外的研究主要是从对事故后果的预测角度展开，在概率模型、统计模型和管理措施方面都有涉及。已有的定量方法研究主要以石化行业中常见的火灾和爆炸等为主。现有的多米诺效应研究中少有对自然灾害因素的考虑。

2.6　多灾种耦合研究

多灾种耦合指的是在特定地区和特定时段，多种致灾因子并存或并发的情况。按研究的空间尺度，多灾种耦合综合风险评估相关的研究成果大致可以分为全球尺度、大洲尺度、国家尺度、地区尺度、地方尺度和社区尺度（葛全胜，2008）。

全球尺度的研究成果如联合国开发计划署在 2004 年提出的灾害风险指数系统（disaster risk index，DRI），可计算地震、热带气旋、洪水、干旱多种灾害造成的死亡风险，侧重于研究国家发展与灾害风险的关系，考虑了多种社会经济因素（Pelling et al.，2004a；2004b）。世界银行和哥伦比亚大学联合发起了灾害风险热点地区研究计划，选取洪水、龙卷风、干旱、地震、滑坡和火山六种灾害开展研究，考虑了死亡风险和经济损失风险，在国家尺度和地方尺度上识别多种灾害的高风险区（Dilley，2005）。

大洲尺度的研究成果，有哥伦比亚大学和美洲开发银行共同研究的灾害风险管理指标系统，其地方灾害指数中涉及滑坡、雪崩、洪水、森林火灾、干旱、地震、飓风和火山喷发，反映了多种灾害对地区的持续、累积的影响（Mosquera，2009）。还有欧洲空间规划观测网络（European Spatial Planning Observation Network，ESPON）在 2006 年开始进行的多重风险评估，将雪灾、干旱、地震、极端温度、洪灾、森林大火、滑坡、风暴潮、海啸、火山喷发、空难、化学事故、核事故、石油生产加工储运事故作为研究对象，通过综合所有由自然和技术致灾因素引发的相关风险来评估一个特定区域的潜在风险，在欧洲范围内得到广泛应用（Greiving，2006a）。

国家尺度的研究成果，有美国联邦应急管理局和国家建筑科学院（1997 年至今）共同研究的"HAZUS-MH"；以地震、洪水和飓风灾害影响的科学和工程技术知识为基础进行灾后损失估计，包括建筑物、公共设施、人口等（FEMA，2004；2005）。

地方尺度和社区尺度上的灾害风险评估，有社区灾害风险管理系统（community based disaster risk management，CBDRM）和应对能力自我评估法等（Center，2008）。

此外，由于多种致灾因子叠加可能造成一些损失难以分开计算，引入了投入产出模型，将致灾因子视为对灾情的投入，灾害损失视为灾情的输出。Hallegatte（2008）运用这一方法分析了卡特里娜飓风后，多种致灾因子所造成的直接经济损失和间接经济损失。Greiving 等（2006b）对欧盟区域内自然和技术致灾因素的总体风险进行了评估，通过致灾与易损性矩阵方法，进行了相互比较分析，形成了多灾种的综合评估结果。

国内方面，聂高众等（1999）提出了多灾种相关性的研究，从动力学机制的角度探讨了旱、涝、震灾害之间的相互影响。史培军（2009）将多种致灾因子并存的现象称为"灾害群聚与群发现象"，并指出其与环境演变敏感区和孕灾环境有关。张永利等（2011）提出了基于多智能体的多灾种耦合预测建模方法，模拟灾变演化，以解决多种自然灾害预测过程中的复杂性问题。

多灾种耦合研究是对目标区域内潜在的多种灾害及其风险进行辨识，尽可能以一种统一的标准来衡量各个风险，是一种风险加和的关系，以达到综合各灾种后果风险的目的。

2.7 Natech 事件研究

Showalter 和 Myers（1994）在 20 世纪 90 年代提出了自然灾害和技术事故间的协同作用，以英文缩写方式定义为"Natech"。随后这一专有名词被定义为：

自然灾害诱发的事故灾难。美国联邦应急管理局的调查显示，在 1980～1989 年的十年间，Natech 事件比人们估计的还要普遍。1994 年的自然减灾大会横滨会议决议中指出，减灾的概念应该扩大范围，包括自然灾害和其他灾害，如环境和技术灾难及它们之间的相互关系。而且应该对 Natech 事件进行分类，如危化品和放射性物质会将应急响应和灾后恢复变得更加难以处理，其对人类和生态环境的伤害也大大超出人们的预期。这尤其对发展中国家的社会、经济和环境系统有着非常重要的作用。本书在广泛调研的基础上将 Natech 事件的相关研究成果总结如下。

1）对典型 Natech 事件案例的分析

Strinberg 和 Girgin（2011）分析了土耳其科加厄利地震中的 Natech 事件，发现政府应对 Natech 事件的风险管理手段严重不足。Krausmann 等（2010）分析了卡特里娜和丽塔飓风造成的近海石油与天然气设备泄漏，给出了对防灾规划的建议。Cruz 等（2008）对中国汶川地震中受破坏的化工设备进行了实地考察，指出其受破坏程度与建筑年代有着密切的关系。

2）对历史事故数据库中 Natech 事件的统计分析

Young 等（2004）总结了地震、洪水、飓风、干旱、森林火灾、火山喷发、滑坡等灾害直接或间接引发的危险物质泄漏事故，以及环境污染和对人类健康的威胁。

Cozzani 等（2010）对工业事故数据库中由洪水引发的事故做了分析，根据专家判断划分了三个等级以描述破坏程度。并指出应在建设、运行阶段考虑自然灾害对设备影响的可能性。Renni 等（2010）根据欧洲主要工业数据库 ARIA、MHIDAS、MARS 的数据，重点对雷电事故进行了分类统计。Krausmann 等（2011）分析了欧洲工业数据库 FACTS、TAD 和美国 NRC 数据库中的 Natech 事件，给出了针对不同事故的改进措施。通过对历史案例的总结，可以为辨识 Natech 事件提供参考。Petrova（2009）对俄罗斯 1992～2008 年的 Natech 事件进行分析和归类，发现大部分与水文气象等自然灾害有关。

3）Natech 事件在不同国家和地区的现状调研

Cruz 和 Okada（2008a）重点对美国、日本和欧洲的工业设施应对自然灾害的设计标准和管理措施进行了调研，发现目前与抵抗灾害相关的规范主要针对工厂等建筑物，关注化工设备等非结构化的单元的规范相对较少，同时这些设备在自然灾害发生后也缺乏相应的应急响应措施。Cruz 等（2004）在联合国减灾署（UN/ISDR）和联合研究中心（JRC）的支持下，对美国、保加利亚、法国、德国、意大利、葡萄牙和瑞典的 Natech 管理现状进行了调研，从防范措施、设计标准、土地规划使用、灾后恢复等方面讨论了现阶段的不足之处，给出了未来针对 Natech 事件特点改进的建议。

4）Natech 事件风险度量方法和实例研究

Salzano 等（2003）基于观测统计的数据提出了储罐受地震影响的概率分析模型。随后，Fabbrocino 等（2005）通过地震危险性分析方法对意大利南部一处储油罐的风险进行了计算。

Campedel 等（2008）不断发展了工艺设备的脆弱性曲线和概率模型，通过基于 GIS 的 ARIPAR 软件实现了灾害后果的耦合。他们还对关键目标设备在外部事件影响下的结构破坏进行了分析，Cruz 等（2011）对飓风影响下炼油厂可能受到的风险进行了计算，以西西里岛的实例验证了模型。这些学者大都来自欧盟联合研究中心和意大利的博洛尼亚大学，开创性的研究方法使人们更深刻地认识了Natech 事件。

其他的一些具有代表性的方法还有：Cruz 和 Okada（2008b）采用概率和专家打分结合的方法，制定指标体系，半定量刻画区域内 Natech 事件风险，以提供对土地规划的建议。并用 1999 年土耳其地震诱发炼油厂火灾事故的数据进行了验证。

Busini 等（2011）利用指标因子和层次分析法（analytic hierarchy process，AHP），提出了对 Natech 事件的定性分析模型，以帮助管理者快速辨识区域内的Natech 事件，并以灾害实例进行了检验。

Salzano 等（2008）讨论了采取应急行动的预警时间指标在 Natech 事件中的影响，以及不同灾害情况下的变量取值，并建立了 Natech 事件可能性大小和后果严重程度的风险值矩阵。

Mercuri 和 Angelique（2004）对 Natech 事件中儿童的创伤后精神紧张性障碍进行了研究，考虑了灾害类型、年龄、是否在现场和生命受威胁的场景等因素。

Santella 等（2011）以美国环保局的风险管理计划中有毒物质排放清单和标准工业编码中的备案企业与设备为对象，从统计学的角度，运用 SPSS 软件对数据进行了 Logistic 回归分析，预测了飓风、地震、龙卷风、洪水引起的 Natech 事件的条件概率。

从国外的研究现状可以发现，化工区域是 Natech 事件中重点关注的对象。因此本书对化工区域中的关键工艺设备受自然灾害影响的风险评估进行了国内文献的调研，重点放在地震、洪水、雷电三类灾害引发事故灾难的相关领域。

储罐的抗震研究在 20 世纪 30 年代开始，是一个复杂的数学和力学问题。可以分为锚固罐和无锚固罐两类。锚固罐的研究涉及储罐的固有振动属性，液体振动的固有周期，水平或垂直方向地震荷载作用下储罐的响应等。提出的模型有刚性壁模型、质量-弹簧系统模型、柔性壁模型等。无锚固储罐的研究主要涉及提离机理的研究，以及它与失稳、强度破坏的关系，多采用模型试验和理论研究结合的途径。韦树莲（1995）对地震中的大型油罐抗震问题进行了深入分析，从油罐的几何形状、荷载特征等方面指出了震害的原因。高云学等（1991）和廖旭等（2003）对地震引发的有毒气体泄漏进行了半定量的评估，通过危险指数法划定危险等级和易损性矩阵判定泄漏的可能性。王延平等（2011）对东日本大地震引发的炼油厂火灾进行了经验教训的总结，根据石化企业的破坏情况，分析了化工设备在地震中的薄弱环节，提出了对我国石化行业的启示。

对于暴雨或洪水引发的化工区域事故的风险分析有，刘丽川和蒲家宁（2008）对外泄储液或暴雨洪水导致的储罐受浮力破坏现象进行了分析，验算并确定了罐体的抗浮条件。研究还指出，在暴雨或洪灾发生时，由于防火堤内液体积聚，浮力的作用往往对罐体造成破坏，如抬起、撕裂等。潘红磊等（2010）对洪水淹没、暴雨径流等情境下，采油厂事故状态污染物排放对河流水质的影响进行了预测研究。还指出泄漏的 1 吨石油任其扩散可形成覆盖 $12km^2$ 范围的厚 0.1mm 的油膜。

雷电灾害方面，由于其具有比较强的瞬时性和随机性，因此雷电灾害引发的化工事故研究多集中在防雷的技术手段和工程性措施改进、事故原因分析、模拟实验方面。少量涉及风险评估的研究中主要以国际电工委员会（International Electro technical Commission，IEC）的 IEC62305 标准为评估蓝本，评估人员生命、公众服务、文化遗产和经济价值四个方面的损失。陈军（2008）改进了上述标准中单体对象评估的不足，提出了针对油罐组群体的整体法，对舟山市某油库区进行了整体风险评估实例分析，提高了评估效率。其他的一些标准还包括《石油与石油设施雷电安全规范》（GB 15599—2009）、《石油库设计规范》（GB 50074—2014）和《建筑物防雷设计规范》（GB 50057—2010）等。

2.8　风险评估系统研究

综合考虑城市面临的各种灾害，研究城市脆弱性分析技术和研发城市综合风险评估系统，为城市管理者提供全面风险认识和决策依据，是国际风险评估技术的重要发展趋势。

美国对洪水、海啸、风暴潮和龙卷风等 10 种自然灾害进行了综合风险评估（朱浩等，2012）。日本、英国等进行了台风、洪水、海啸等方面的灾害综合评价（罗培，2005）。美国联邦应急管理局和国家建筑科学院共同研制出地震、洪水、飓风三种灾害的危险耦合评估软件系统（HAZUS）（FEMA，2004；2005）。HAZUS 的评估方法建立在 GIS 综合平台上，基于国家数据库及现行标准，以统计学和数学模拟的方法，设置不同的灾害和资产函数模拟，计算灾害发生的可能性和频率，并通过 GIS 制图显示结果（潘晓红等，2009）。

　　由世界银行、美洲开发银行和联合国国际战略减灾署联合开发的风险评估软件平台 CAPRA，由不同水平领域（地震、飓风、洪水、山体滑坡和火山）的风险评估工具组成，包括危险性模块、易损性模块、损失模块等。该平台利用概率指标如超越概率曲线、预计全年损失和可能最大损失，评估承灾体的概率损失，进而进行多灾害或多风险分析（易伟建等，2015）。

　　日本针对地震灾害研发了"地震受害早期评价系统"。地震发生后，根据气象厅实时烈度速报结果，地震受害早期评价系统自动完成地震震中区域及周边相关区域的灾害数据的分析和受灾状况的评估，系统在地震发生 30 分钟内自动产出地图和表格等各种格式的评估结果，并实时接收各相关救灾部门的信息，为抗震救灾指挥提供数据。

　　欧洲空间规划观测网络（ESPON）公布了多重风险评估方法，综合了由自然和技术致灾因素引发的所有相关风险（Greiving，2006a）。联合国开发计划署开展了全球范围的"灾害风险指数系统"研究，侧重于研究国家发展与灾害风险的关系，是对国家尺度人类社会脆弱性评价的一个指标体系。

　　国内的风险评估系统往往以 GIS 平台为基础，刘连中和罗培（2005）以 GIS 平台为基础，开发了灾害评估应用系统（GHAIS），用于重庆市地质灾害风险评估。张永兴等（2008）以 GIS 为基础进行二次开发，建立边坡的三维地质模型，用于分析经济风险和生命风险。随着计算机技术的发展，大数据与人工智能被应用于风险评估系统的研发，廖志鹏等（2018）建立了基于大数据的运营风险事故数据库和风险评估信息系统，对城市隧道运营过程中存在的风险进行实时评估和管理。

城市公共安全综合风险评估理论与方法

  城市公共安全的影响因素众多，要达到减少风险因素、减轻灾后损失的目的，需要系统地识别和整理城市公共安全风险的影响因素。本章分为两部分，3.1 节介绍基于公共安全三角形理论的城市公共安全综合风险评估框架，城市公共安全综合风险评估应包括三个方面：突发事件危险性、承灾载体脆弱性和应急管理有效性。3.2 节介绍基于层次分析法、模糊综合预测法等指标体系的城市公共安全综合风险评估方法；3.3 节介绍基于突发事件链演化动力学的城市多灾种综合风险评估方法。

3.1 基于公共安全三角形理论的城市公共安全综合风险评估框架

  针对公共安全体系多主体、多目标、多层级、多类型的复杂特征，范维澄等（2009）提出了"公共安全三角形"理论模型，诠释了公共安全的复杂体系。该模型将公共安全体系分为突发事件、承灾载体和应急管理三大组成部分，通过物质、信息和能量三个灾害要素将三者联系起来，形成一个有机整体，这对我们深入地认识和分析公共安全体系具有重要的指导意义，也为城市公共安全综合风险评估技术研究提供了支撑。

  如图 3.1 所示，基于公共安全三角形理论，城市公共安全综合风险评估需要综合考虑突发事件危险性、承灾载体脆弱性和应急管理有效性三个方面。

  1. 突发事件危险性识别

  ISO31000 风险管理框架重点包括风险识别、风险分析、风险评价和风险应对四个过程。风险识别是指在收集各种历史和统计资料等的基础上，通过调查分析，对尚未发生的、潜在的以及主客观存在的各种风险根据直接或间接的表象进行判断、分类和鉴定的过程。突发事件危险性识别的主要任务是找出风险之所在及其引起风险的主要危险因素，并对后果做出分析；梳理和辨识城市典型公共安全事件特征规律，描绘和分析城市公共安全事件影响城市系统功能的不确定性情景，并结合物联网、大数据、人工智能等信息技术，实现对公共安全事件的动态识别与预警。

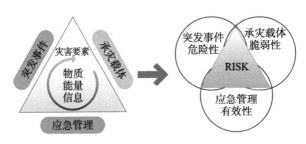

图 3.1　基于公共安全三角形理论的城市公共安全综合风险评估框架

2. 承灾载体脆弱性分析

由于城市公共安全事件本身前兆不充分，具有很强的不确定性，事件发生概率难以估计，采取常规的"概率×后果"风险评估模型很难进行有效的风险管理。因此，在很多情况下进行城市公共安全的风险管理，需退而求其次，通过对承灾载体的脆弱性分析，研究给定的突发事件情景的影响后果，即承灾载体面对某种突发事件情景时的受损情况。通过对城市承灾系统的脆弱性分析与评价，识别和测度城市面临的风险和各种不确定性因素导致的破坏强度、影响范围和时空分布，实现突发事件的影响评估。

3. 应急管理有效性评估

突发事件的灾害强度、影响范围和持续事件等都有很强的不确定性，因此很难做定量化的危险性识别。同时，突发事件明显的复杂性和潜在的次生衍生危害，使其造成的事故后果常具有模糊性的特征，仅仅依靠对承灾载体进行脆弱性分析并不能有效地解决城市公共安全综合风险管理需求。在公共安全三角形理论中，有效的风险管理应由突发事件、承灾载体和应急管理三者共同入手。因此，在危险性识别和脆弱性分析的基础上，还需加强优化社会和组织在面对突发事件时迅速有效的应急响应与管理策略，做到"以不变应万变"，实现综合全面的城市公共安全综合风险管理策略。通过对城市应急管理能力的评估与优化，制定安全管理策略，实现对应急处置、应急保障、储备等应急资源的高效合理配置和调度决策。

目前针对突发事件、承灾载体和应急管理的分析评估方法虽然也是从系统论的角度出发的，但对于系统的构成要素与作用关系的认识，不同的研究者有不同的理解，有的侧重于突发事件，有的侧重于承灾载体或者应急管理，而且很多研究方法是针对具体的问题而设计的，缺乏通用的系统性的理论指导。因此，本书从公共安全体系架构的角度出发，构建了一个全面考虑突发事件、承灾载体和应急管理的系统性的城市灾害综合风险评估体系与模型，即以公共安全三角形理论为基础，从致灾因子危险性、承灾载体脆弱性和应急能力三方面构建城市公共安全综合风险评估框架体系。

3.2　基于指标体系的城市公共安全综合风险评估方法

公共安全三角形理论阐述了城市突发事件综合风险评估所涉及的三个方面。以城市公共安全为顶层事件，突发事件、承灾载体和应急管理作为三个一级指标，在各一级指标下，对应有突发事件强度、影响范围，承灾载体的物理脆弱性、社会脆弱性，应急管理的人员素质、应急装备等一系列二级指标，这些二级指标下又同时存在三级指标。这些指标层层嵌套，共同影响着城市公共安全风险。因此，基于公共安全三角形理论的城市公共安全综合风险评估，通过建立指标体系，全面考虑公共安全的各级影响因素。

基于指标体系的评估方法一般包括以下几方面的要素。

（1）评估指标：对于基于指标体系的评估方法，指标是评价的依据。由于影响风险的因素往往非常多且复杂，通常需要建立一套指标体系，从整体上反映风险。每个指标都从不同的侧面刻画影响风险的某种特性。

（2）权重系数：对于不同的风险评估对象，评估指标之间的相对重要性是不同的，评估指标之间的这种相对重要性的大小，可以用权重系数来表示。每个指标对应于一个权重系数，反映出该指标对总风险的影响程度。权重系数确定得是否合理，关系到评价结果的可信程度。

（3）数学模型：对于已经建立好的评估指标体系，需要通过一定的数学方法将多个指标的评估值"综合"成为一个整体的评估值，这就是所选择的模型。可用于"综合"的数学方法很多，通常根据评估对象的特点和评估的需求选取适当的方法。

对于这类方法，评估指标体系无疑是重要的基础，指标体系的好坏直接影响评估结果的合理性。指标体系的建立一般应遵循以下原则：①指标宜少不宜多，宜简不宜繁。评估指标并非多多益善，关键在于能够涵盖评估所需的基本信息；②指标应具有独立性。每个指标要内涵清晰、相对独立，同一层次的各指标间应不存在因果关系；③指标应具有代表性，能反映评估对象的特性；④指标应可行，符合客观情况，有稳定的数据和资料来源。

常用的基于指标的风险评估方法主要有层次分析法、模糊综合评估法、基于灰色理论的综合评估方法等。以下介绍前两种。

1. 层次分析法

1973 年，美国著名运筹学家 Saaty 提出了层次分析法。该方法的应用步骤是：首先，根据评价目标和评价准则，把复杂问题的各种因素划分成相互联系的有序层次，建立递阶层次结构模型。然后，根据客观实际进行判断，对每一层次各元素两两间相对重要性以相应的定量表示，从而构造出判断矩阵。再用特定的数学方法如和法、根法、特征根法或者最小二乘法等求出各因素的相对权重，从而确定了全部要素相对重要性次序以及对上一层的影响（Saaty，1980），并进行一致性检验。最后，计算要素的综合重要度并根据评价准则和综合重要度做出风险评估决策。

层次分析法是一种定性分析和定量分析相结合的方法，能有效地处理不易定量化变量下的多准则决策。基于层次分析法可以实现风险因素的排序、系统总风险的评价以及风险响应措施的选择。目前，有不少文献将之应用于各种具体项目的风险评估，如城市火灾风险、油库风险、工程风险、煤矿风险等。层次分析法一般按以下步骤应用。

1）建立递阶层次结构模型

应用层次分析法分析决策问题时，首先要把问题条理化、层次化，构造出层次结构模型。在这个模型下，复杂问题被分解为元素的组成部分，这些元素又按其属性及关系分成若干层次，上一层次的元素作为准则对下一层次的有关元素起支配作用。递阶层次结构的层次数与问题的复杂程度及需要分析的详尽程度有关，层次数不受限制。一般地，将决策问题划分为三个层次：第一层是总目标层，是最高层次；第二层是中间层，是评判方案优劣的因素层；第三层是最低层次，为解决问题的方案或相应措施。各层次诸要素的联系用线段表示，同层要素相互独立，要素间无连线；上层要素对下层要素具有支配或包含的关系，或者下层要素对上层要素有贡献关系，这样的层次结构称为递阶层次结构。每一层次中各元素所支配的元素一般不超过 9 个，因为支配的元素过多会给两两比较带来困难。一个好的层次结构对于解决问题是极为重要的，如果在层次划分和确定层次元素间的支配关系上举棋不定，那么应该重新分析问题，弄清元素间的相互关系，以确保建立一个合理的层次结构。

层次分析法所建立的层次结构通常有三种类型：①完全相关性结构，即上一层次的每一要素与下一层次的所有要素完全相关；②完全独立结构，即上一层次要素都各自独立，都有各不相关的下层要素；③混合结构，是上述两种结构的混合，是一种既非完全相关又非完全独立的结构。递阶层次结构是层次分析法中最简单也是最实用的层次结构形式。当一个复杂问题用递阶层次结构难以表示时，可以采用更复杂的扩展形式，如内部依存的递阶层次结构、反馈层次结构等。

2）构造两两比较判断矩阵

在建立递阶层次结构后，上下层次间的隶属关系就确定了。比较判断矩阵是以上一层次的元素 C_k 作为判断准则，对下一层次元素进行两两比较确定的元素值。假定在 C_k 准则下有 n 个要素：$A_1, A_2, \cdots, A_n$，构造过程要反复回答：针对准则 C_k，两个元素 A_i, A_j 哪一个更重要，如表 3.1 所示，采用 1～9 的比例标度，判断矩阵中各元素确定的标度，则对于 C_k 准则可得到 n 阶的比较判断矩阵 $A = (a_{ij})_{n \times n}$。

表 3.1　判断矩阵标度及其含义

标度	含义
1	表示两个因素相比，具有同样重要性
3	表示两个因素相比，一个因素比另一个因素稍微重要
5	表示两个因素相比，一个因素比另一个因素明显重要
7	表示两个因素相比，一个因素比另一个因素强烈重要
9	表示两个因素相比，一个因素比另一个因素极端重要
2，4，6，8	上述两相邻判断的中值

3）确定相对重要度并进行一致性检验

比较判断矩阵中的元素 a_{ij} 表示从判断准则 C_k 的角度考虑要素 A_i 对要素 A_j 的相对重要性，即 $a_{ij} = w_i / w_j$，w_i 表示某层第 i 个要素对于上一层次某一准则 C_k 的重要性权重。计算单一准则下元素的相对权重，一般通过排序权向量计算的特征根方法求得。当计算要求精度不高时也可以用和法或根法求得。下面介绍特征根法，具体步骤如下。

设比较判断矩阵：

$$A = \begin{bmatrix} a_{11} & a_{12} & \cdots & a_{1n} \\ a_{21} & a_{22} & \cdots & a_{2n} \\ \vdots & \vdots & & \vdots \\ a_{n1} & a_{n2} & \cdots & a_{nn} \end{bmatrix} \tag{3.1}$$

（1）将判断矩阵 A 的每一列向量进行归一化处理，得到 $B = (b_{ij})_{n \times n}$。

$$b_{ij} = \frac{a_{ij}}{\sum\limits_{i=1}^{n} a_{ij}}, \quad i, j = 1, 2, \cdots, n \tag{3.2}$$

（2）将归一化矩阵 B 的行向量元素相加

$$M_i = \sum_{j=1}^{n} b_{ij}, \quad i, j = 1, 2, \cdots, n \tag{3.3}$$

（3）将向量 $M = (M_1, M_2, \cdots, M_n)$ 归一化：

$$W_i = \frac{M_i}{\sum\limits_{j=1}^{n} M_j}, \quad i, j = 1, 2, \cdots, n \tag{3.4}$$

得到特征向量 $W = (W_1, W_2, \cdots, W_n)$。

（4）计算最大特征值：

$$\lambda_{\max} = \frac{1}{n} \sum_{i=1}^{n} \frac{(AW)_i}{W} \tag{3.5}$$

其中，$(AW)_i$ 表示向量 AW 的第 i 个元素。

判断矩阵中的元素可以利用评价者的知识和经验估计出来，评价者的估计可能不是很精确，因此利用估计的判断矩阵进行决策前，必须进行一致性检验。一致性检验步骤如下。

（1）计算一致性指标（coincidence indicator，CI），计算式为

$$CI = \frac{\lambda_{\max} - n}{n - 1} \tag{3.6}$$

（2）查找平均随机一致性指标（random index，RI）（表 3.2）。

表 3.2 平均随机一致性指标

阶数	1	2	3	4	5	6	7	8
RI	0	0	0.58	0.90	1.12	1.24	1.32	1.41

（3）计算一致性比例（coincidence ratio，CR），当 CR<0.1 时，认为判断矩阵的一致性可以接受。

$$CR = \frac{CI}{RI} \tag{3.7}$$

4）计算各层次元素相对目标层的合成权重

为了得到递阶层次结构中每一层次中所有元素相对于总目标层的相对权重，需要把第三步的计算结果进行适当的组合，并进行总的一致性检验。这一过程是由高层次到低层次逐层进行的。层次分析法最终得到各层因素相对于总目标的权重，并给出这一组合权重所依据整个递阶层次结构所有判断的总一致性比例，据此可以做出综合风险评估。

【案例】 下面举例说明层次分析法在城市公共安全评估中的应用。

泥石流是一种灾害性的地质现象。通常泥石流爆发突然、来势凶猛，可携带巨大的石块。因其高速前进，具有强大的能量，破坏性极大。下面运用层次分析

法来对泥石流进行安全评价，并选择防治方案。

（1）建立层次结构模型。确定目标层为泥石流风险评价；初步选定四项中间层指标为：坡度、泥土密度、岩石强度、平均降雨量；方案层包括三种防治方案。泥石流风险评价层次结构模型如图 3.2 所示。

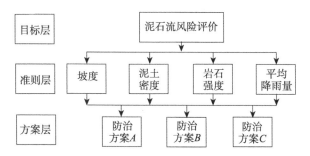

图 3.2　泥石流风险评价层次结构模型

（2）构建该问题的比较判断矩阵。利用表 3.1 的比较标度，判断矩阵中各元素确定的标度，得到四阶比较判断矩阵，就是表征这四个因素的比重大小，在本例中如矩阵（3.8）所示：

$$A = \begin{pmatrix} 1 & 1 & 1/7 & 1/5 \\ 1 & 1 & 1/7 & 1/4 \\ 7 & 7 & 1 & 3 \\ 5 & 4 & 1/3 & 1 \end{pmatrix} \tag{3.8}$$

（3）计算层次单排序的权向量并进行一致性检验，结果如表 3.3 所示。在本例中，一致性比例 CR=0.0215<0.1，说明矩阵 A 近似为一致阵，通过了一致性检验。将特征向量进行归一化处理后，得到向量权重矩阵为 $\omega_1 = (0.0688\ 0.0721\ 0.5882\ 0.2709)^T$。

表 3.3　指标判断矩阵与计算结果

	A_1	A_2	A_3	A_4	特征向量	权重向量	一致性检验
A_1	1	1	1/7	1/5	0.1050	0.0688	
A_2	1	1	1/7	1/4	0.1101	0.0721	λ_{max}=4.0581
A_3	7	7	1	3	0.8977	0.5882	CR=0.0215<0.1
A_4	5	4	1/3	1	0.4134	0.2709	具有一致性

（4）接着进行层次单排序，构建 C-P 矩阵，即通过对比判断各决策方案相对于这若干个指标的得分。本例中三个防治方案对于四项指标的判断矩阵：

$$B_1 = \begin{pmatrix} 1 & 1/4 & 1/2 \\ 4 & 1 & 3 \\ 2 & 1/3 & 1 \end{pmatrix} （坡度）; \qquad B_2 = \begin{pmatrix} 1 & 1/4 & 1/4 \\ 4 & 1 & 1/2 \\ 4 & 2 & 1 \end{pmatrix} （泥土密度）$$

$$B_3 = \begin{pmatrix} 1 & 1 & 7 \\ 1 & 1 & 7 \\ 1/7 & 1/7 & 1 \end{pmatrix} (岩石强度) ; \quad B_4 = \begin{pmatrix} 1 & 1/3 & 5 \\ 3 & 1 & 7 \\ 1/5 & 1/7 & 1 \end{pmatrix} (平均降雨量)$$

同样地，求这四个矩阵单排序的权向量并进行一致性检验。

在本例中，这四个矩阵一致性比例 CR 分别为 0.0158、0.0462、0、0.0559。说明这四个矩阵都近似为一致阵，通过了一致性检验。对应的特征向量矩阵如式（3.9）所示：

$$\omega_2 = \begin{pmatrix} 0.1365 & 0.1085 & 0.4667 & 0.2790 \\ 0.6250 & 0.3445 & 0.4667 & 0.6491 \\ 0.2385 & 0.5469 & 0.0667 & 0.0719 \end{pmatrix} \tag{3.9}$$

最后再与对应指标的权重相乘（Z-P），得到总的分数，排序，做出决策。

$$\omega = \omega_2 \omega_1 = \begin{pmatrix} 0.1365 & 0.1085 & 0.4667 & 0.2790 \\ 0.6250 & 0.3445 & 0.4667 & 0.6491 \\ 0.2385 & 0.5469 & 0.0667 & 0.0719 \end{pmatrix} \begin{pmatrix} 0.0688 \\ 0.0721 \\ 0.5882 \\ 0.2709 \end{pmatrix} = \begin{pmatrix} 0.3673 \\ 0.5182 \\ 0.1146 \end{pmatrix} \tag{3.10}$$

由此可以做出决策，防治方案 B 为最佳方案。

2. 模糊综合评估法

1965 年，美国自动控制专家 Zadeh 提出了模糊集的概念，引入了隶属函数来描述差异的过渡（Zadeh，1965）。各种风险评估中存在着大量的模糊因素，对这些因素进行模糊评价，可以增加风险评估结果的可靠性和科学性。模糊逻辑风险评估法一般按照以下步骤应用。

（1）确定评价对象的因素集。$U = (u_1, u_2, \cdots, u_n)$，其中，$u_i$ 表示各影响因素，U 表示影响评价对象的因素集。

（2）建立评价集。评价集是专家利用自己的经验和知识对项目因素对象可能做出的评判结果。例如，风险发生概率可以用很大、大、中、低、很低五个等级来描述。

（3）建立各评价指标的隶属度和模糊关系矩阵。将风险评估人员和有关专家对风险的文字语言性估计结果与隶属度函数相对应，使之转化为数字描述。一般把指标隶属度函数表示为 $V = [x \mid \mu_A(x)]$，其中 V 为风险指标的等级集合。每一个等级对应一个隶属度函数。x 为指标的取值，$\mu_A(x)$ 为 x 对应的模糊隶属。隶属度函数可以利用模糊统计方法来确定，由若干专家对各因素进行评价，建立从 U 到 V 的模糊关系 R。

（4）确定权重集。权重集反映了因素集中各因素不同的重要程度，通过对各个因素 $u_i = (i = 1, 2, \cdots, n)$ 赋予相应的权数 $a_i (i = 1, 2, \cdots, n)$，这些权数的集合称为因素权重集 $A = (a_1, a_2, \cdots, a_n)$。

（5）综合模糊评价。根据模糊综合评价数学模型进行模糊合成，就可得到综合评价结果：

$$B = AR = (a_1, a_2, \cdots, a_n) \begin{bmatrix} r_{11} & r_{12} & \cdots & r_{1m} \\ r_{21} & r_{22} & \cdots & r_{2m} \\ \vdots & \vdots & & \vdots \\ r_{n1} & r_{n2} & \cdots & r_{nm} \end{bmatrix} \tag{3.11}$$

B 为综合模糊评价集。若 B 中各元素的总和不等于 1，需对 B 进行归一化处理，得到归一化的矩阵 B 作为综合评价的结果。

模糊风险评估的结果不仅包含风险因素发生概率及其后果，还包含一些有用的不确定性内容，因此，模糊数学在风险评估中得到了广泛的应用。国际上，模糊集理论广泛应用于各种风险，如项目风险评估、信息安全风险评估、危险物质运输风险、森林火灾风险等。

模糊逻辑风险评估法存在两个问题。首先，隶属度函数不太容易确定。隶属度函数的确定要求风险评估有关人员具有丰富的经验和相关知识，并采取科学的统计分类方法获得。其次，模糊风险评估结果的语言描述也会存在一定的误差和困难。对不同的对象和不同的模糊运算规则，其结果解释方法和意义差异较大。

下面举例介绍简单的模糊综合评估法在城市安全评价中的应用。

【案例】　现对三家企业的防火工作进行安全评价，具体步骤如下。

（1）确定因素集。主要防火评价指标选取四项，则因素集 $U = (u_1\ u_2\ u_3\ u_4)$。其中，$u_1 =$ "灭火器数量"；$u_2 =$ "消防栓数目"；$u_3 =$ "防火教育水平"；$u_4 =$ "疏散逃生水平"。查阅资料可知评价等级及三家企业的具体情况如表 3.4 所示。

表 3.4　各企业防火指标情况

企业	A	B	C
灭火器数量	42	31	48
消防栓数目	5	4	8
防火教育水平	3	4	3
疏散逃生水平	4	2	3

（2）根据经验建立评价集如表 3.5 所示。

表 3.5　防火指标评价等级

分数	灭火器数量/个	消防栓数目/个	防火教育水平/级	疏散逃生水平/级
5	80	10	5	5
4	65	8	4	4
3	50	6	3	3
2	35	4	2	2
1	20	2	1	1
0	5	0	0	0

（3）根据有关标准来建立隶属度函数。

灭火器数量隶属度函数 $C_1(u_1) = \begin{cases} \dfrac{u_1 - 5}{80 - 5}, u_1 \leqslant 75 \\ 1, u_1 > 75 \end{cases}$，将三家企业的灭火器数量

数据代入，得到 $r_{11} = 0.4933$；$r_{12} = 0.3467$；$r_{13} = 0.5733$。故 $r_1 = (r_{11} \ r_{12} \ r_{13}) = (0.4933 \ 0.3467 \ 0.5733)$。

消防栓数目隶属度函数 $C_2(u_2) = \begin{cases} \dfrac{u_2}{10}, u_2 \leqslant 10 \\ 1, u_2 > 10 \end{cases}$，将三家企业的消防栓数目数据

代入，得到 $r_{21} = 0.5$；$r_{22} = 0.4$；$r_{23} = 0.8$。故 $r_2 = (r_{21} \ r_{22} \ r_{23}) = (0.5 \ 0.4 \ 0.8)$。

防火教育水平隶属度函数 $C_3(u_3) = \begin{cases} \dfrac{u_3}{5}, u_3 \leqslant 5 \end{cases}$，将三家企业的防火教育水平

数据代入，得到 $r_{31} = 0.6$；$r_{32} = 0.8$；$r_{33} = 0.6$。故 $r_3 = (r_{31} \ r_{32} \ r_{33}) = (0.6 \ 0.8 \ 0.6)$。

疏散逃生水平隶属度函数 $C_4(u_4) = \begin{cases} \dfrac{u_4}{5}, u_4 \leqslant 5 \end{cases}$，将三家企业的疏散逃生水平

数据代入，得到 $r_{41} = 0.8$；$r_{42} = 0.4$；$r_{43} = 0.6$。故 $r_4 = (r_{41} \ r_{42} \ r_{43}) = (0.8 \ 0.4 \ 0.6)$。

由上可知判断矩阵为

$$R = \begin{pmatrix} r_1 \\ r_2 \\ r_3 \\ r_4 \end{pmatrix} = \begin{pmatrix} 0.4933 & 0.3467 & 0.5733 \\ 0.5 & 0.4 & 0.8 \\ 0.6 & 0.8 & 0.6 \\ 0.8 & 0.4 & 0.6 \end{pmatrix} \tag{3.12}$$

（4）根据当地实际情况，确定四个因素的权重向量：$A = (0.3 \ 0.25 \ 0.3 \ 0.15)$。确定各指标权重的过程可以参考层次分析法的相关内容。

（5）选择合适的模糊合成算子计算总评价 $B = AR$，一般对 B 进行归一化处理，再根据最大隶属度原则做出判断。在本例中，计算得出 $B = (0.3333 \ 0.2932 \ 0.3755)$。由此可知 C 企业的防火措施最好，A 次之，B 最差。

值得说明的是，层次分析法和模糊综合评估法都包括专家打分的过程，都具有一定的主观性，在使用时应该注意这一点。

3.3　基于突发事件链演化动力学的城市多灾种综合风险评估方法

针对应对突发公共事件的科学性和效率问题，国内学者提出了事件链的概念（季学伟等，2009）。针对原生事件可能引发的次生、衍生和耦合事件，建立突

发公共事件的事件链，进而启动相对应的预案链，结合现场信息、法规、知识和研判结果，形成综合应急方案，为科学高效地应对突发公共事件提供决策支持。除此之外，一些研究的内容与突发事件链概念类似或相关，包括：事故灾难的多米诺效应，Natech 事件（自然灾害触发技术灾难的事件），灾害链以及灾害链式理论（主要针对自然灾害）等。

突发事件链综合风险评估需要考虑初始事件与其他突发事件的次生衍生关系。如果突发事件 A 可能引发突发事件 B，而突发事件 B 可能引发突发事件 C，则进行突发事件 B 的风险评价时，可能性因素中需要考虑突发事件 A，后果因素中需要考虑突发事件 C。比如，进行燃气系统的风险区划时，需要考虑地质条件，某个区域的地质沉降可能造成燃气管网破坏——这是燃气系统发生突发事件的可能性因素，而燃气管网的破裂又会造成火灾、爆炸、危化品泄漏等突发事件——这是燃气系统发生突发事件的后果因素。

基于突发事件链演化动力学的城市多灾种综合风险评估方法通过对可能发生的突发事件的演化过程的仿真模拟，分析其可能影响的范围和程度，考察该影响范围内人员所面临的风险、可能的经济损失、环境破坏等，从而计算总的风险值。该方法的基本流程如图 3.3 所示。

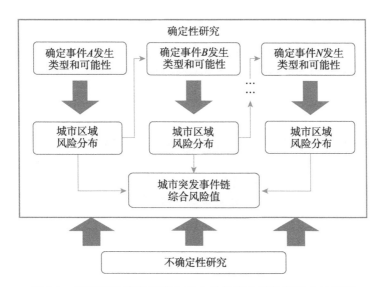

图 3.3　基于突发事件链演化动力学的综合风险评估方法流程

第4章 城市社会脆弱性分析

CHAPTER 4

城市社会脆弱性分析

本章首先介绍社会脆弱性的定义，并建立社会脆弱性指标体系，介绍社会脆弱性的定量研究方法，并在此基础上进行分析。然后，探讨灾害信息传播对社会脆弱性的影响，分析多种信息传播媒介的传播机理及传递效率。以灾害下谣言扩散、危化品泄漏和传染病扩散为例，介绍信息传播模型在突发事件下的应用。

4.1 城市社会脆弱性分析方法与案例

目前有多种社会脆弱性的定义。例如，Adger（1999）认为社会脆弱性是个体或群体在社会和环境不可预料的转变时体现出来的一种压力。Phillips 和 Morrow（2007）指出每一种社会脆弱性都是那些面对高风险、伤害、死亡及财产损失的人提出的，这是他们身处的特殊社会和经济环境所致。Schmidtlein 等（2008）基于实际的灾害事件，定义了社会脆弱性是一个遭受损失的可能性和一种从损失中复原的能力。Brooks（2003）提出了基于政府间气候变化控制小组（Intergovernmental Panel on Climate Change，IPCC）（IPCC，2001）的脆弱性定义，即脆弱性是基于系统暴露性、敏感性、适应性能力的气候变化的频率、特征及剧烈程度。Turner（2010）认为脆弱性是人类-环境耦合系统在灾害中遭受伤害的程度。

本书使用 Cutter 等（2003）提出的脆弱性定义，即社会脆弱性是一种灾害下损失的可能性，用个人特征（年龄、民族、健康度、收入、住房类型、职业等）表示，损失随地域、时间和不同的社会人群而变化。

4.1.1 社会脆弱性分析方法

本节以 A 市为例，建立社会脆弱性指标体系，并开展指标敏感性分析。

1. 社会脆弱性指标体系

本节结合国内外社会脆弱性研究，建立如下社会脆弱性指标体系。其中，一级指标四项，分别是人员脆弱性、职业脆弱性、经济脆弱性、基础设施脆弱性；

二级指标 26 项。具体如图 4.1 所示。

　　人员脆弱性：人口密度、家庭户比例、女性比例、少数民族比例、5 岁以下的儿童比例、65 岁以上的老年人比例、文盲比例、离婚（包括丧偶）比例、暂住人口比例。

　　职业脆弱性：失业率、从事农林牧渔业人口比例、从事采掘业人口比例、从事建筑业人口比例、从事运输业人口比例、从事社会服务业人口比例、从事社会福利业人口比例、从事卫生业人口比例。

　　经济脆弱性：人均收入、人均收支比、恩格尔系数。

　　基础设施脆弱性：基础设施投资、老房屋比例、每平方公里的消防站个数、每平方公里的地铁站个数、每千人拥有的病床位数、每千人拥有的医生护士数量。

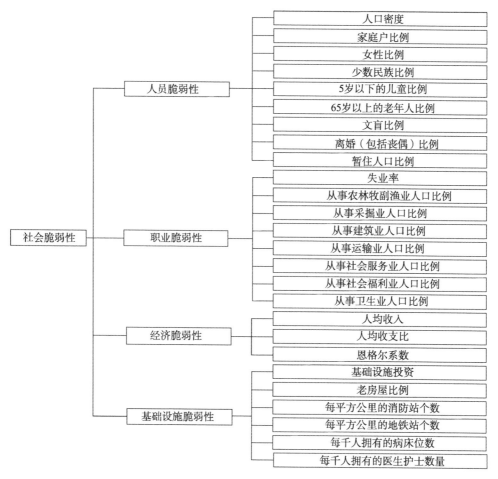

图 4.1　社会脆弱性指标体系

2. 指标得分

将所有影响因素数据用 Z-score 方法进行标准化,利用下述公式可算得每一个地区的脆弱性得分（social vulnerability score，SOVI）。

$$SOVI = \sum_{i=1}^{26}(w_i \cdot x_i) \tag{4.1}$$

其中，i 从 1～26，表示 26 个影响因素；w_i 表示每个影响因素所占的权重，x_i 表示某地区经过处理后的数据。

若 SOVI < 0，则说明该地区的相对社会脆弱性较小，抵抗灾害的能力较强；反之，若 SOVI > 0，则说明该地区的相对社会脆弱性较大，抵抗灾害的能力较弱。若 SOVI=0，则说明该地区的相对社会脆弱性处于平均水平。

4.1.2 社会脆弱性案例分析

1. 社会脆弱性分布

本节结合地理方位与城市空间结构分布，对 A 市的人员脆弱性分布、经济脆弱性分布、职业脆弱性分布、基础设施脆弱性分布和综合社会脆弱性分布情况开展了分析。

表 4.1 给出了 A 市不同区域的人员脆弱性得分情况，该脆弱性得分分布受城市空间结构影响较大。

表 4.1　A 市不同区域人员脆弱性得分情况（分值范围：−0.18～0.40）

地理方位	城市空间结构		
	郊区	城区与郊区交接部位	市中心地区
东部	−0.02	−0.10	0.28
西部	0.30	−0.14	0.22
南部	0.10	−0.18	0.24
北部	0.40	0.16	0.24

离城区较偏远的郊区区域，人员脆弱性得分较高，人员脆弱性得分最高的部分在 A 市的北部地区。人员脆弱性高的原因主要在于文盲比例非常高、老年人儿童比例较高，部分地区老年人比例极高，而且由于在郊区，外来务工人员很难在城市中的高房价下居住，所以在城郊租房的概率很高，导致暂住人口比例高。

对于城区与郊区交接部位，人员脆弱性较低，该地区人口密度并不是特别高，同时由于受教育程度较偏远地区相比比较高，文盲比例很低，暂住人口少，并且少数民族人口也非常少，65 岁以上的老年人退休后居住在城区的比例也比郊区要低。因此，这个地区人员脆弱性得分较低。

对于市中心地区。该地区人员脆弱性也较高，原因是人口密度太大，平均人口密度可达每平方公里两万多人，是普通郊区的 20 多倍，如此大的人口密度导致脆弱性升高。

通过 A 市经济脆弱性得分情况（表 4.2），基本可以将该市经济脆弱性分布分成三个地区。经济较差的地区是郊区西部和南部地区，经济最好的地区是在市中心地区。而 A 市北部和东部的经济水平介于两者之间，处于中间水平。这种经济分布情况与该市各地区发展程度存在密切联系。

表 4.2　A 市不同区域经济脆弱性得分情况（分值范围：−0.20~0.16）

地理方位	城市空间结构		
	郊区	城区与郊区交接部位	市中心地区
东部	0.00	0.06	−0.20
西部	0.13	−0.16	−0.20
南部	0.16	0.08	−0.20
北部	0.00	−0.16	−0.20

通过 A 市职业脆弱性得分情况（表 4.3）可以看到，职业脆弱性得分最高的两个地区分别在 A 市郊区西部和北部地区。市中心地区职业脆弱性较低，说明职业配置比较好。

表 4.3　A 市不同区域职业脆弱性得分情况（分值范围：−0.080~0.080）

地理方位	城市空间结构		
	郊区	城区与郊区交接部位	市中心地区
东部	0.020	0.012	−0.068
西部	0.080	−0.044	−0.080
南部	0.024	−0.036	−0.060
北部	0.068	0.000	−0.080

通过 A 市基础设施脆弱性得分情况（表 4.4），可观察到基础设施脆弱性得分分布呈半包围形式。除了市中心地区及城区与郊区交接部位西部地区，其余地区的基础设施脆弱性都比较高。从五个影响因素来分析。由于郊区地处比较偏远，发展程度远不及市内，设施条件也不及市内，地铁站密度、消防站密度、每千人病床位数均比较低。与此同时，由于郊区现代化速度较慢，有很多年久失修的房屋不能得到及时的拆迁、翻新，因此老房屋比例较大，脆弱性较高。

表 4.4　A 市不同区域基础设施脆弱性得分情况（分值范围：−0.20~0.17）

地理方位	城市空间结构		
	郊区	城区与郊区交接部位	市中心地区
东部	0.17	−0.10	−0.20
西部	−0.07	−0.20	−0.20
南部	0.10	−0.08	−0.20
北部	0.12	0.00	−0.20

最后，对 A 市的综合社会脆弱性进行分析（表 4.5），A 市综合社会脆弱性是由上四个脆弱性相加而成的。通过 A 市综合社会脆弱性分布可以观察到，市中心地区脆弱性比较低，而周围城郊地区随着与中心城区距离增加，脆弱性升高。总体呈现出外部脆弱性高、内部脆弱性低的特点。

表 4.5　A 市不同区域综合社会脆弱性得分情况（分值范围：–0.54～0.60）

地理方位	城市空间结构		
	郊区	城区与郊区交接部位	市中心地区
东部	0.17	–0.13	–0.19
西部	0.44	–0.54	–0.26
南部	0.60	–0.22	–0.22
北部	0.59	0.00	–0.24

2. 敏感性分析

各影响因素的敏感性分析在城市安全中具有重要的作用。敏感性分析的具体步骤如下。

（1）首先，将目标影响因素的权重乘以一个大于 1.0 的系数。本节分析过程中，这个系数设定为 5.0（不同的系数不会对最终结果造成影响，只是为了更方便地进行比较）。即在所有其他影响因素权重保持相对不变的情况下，目标影响因素的权重乘以 5.0。

（2）调整其余 25 个影响因素，保证其相对权重不变，并且使 26 个影响因素的权重和为 1：

$$X_{np} = \frac{X_{mp} \cdot (1 - C \cdot X_{mq})}{(1 - X_{mq})} \quad p, q \in [1, 26] , \ p \text{ 和 } q \text{ 是整数} \quad （4.2）$$

其中，X_{np} 为 26 个重新计算后的新的影响因素权重；X_{mp} 为 26 个影响因素的初始权重；X_{mq} 为目标影响因素的初始权重；C 为系数（本书中，C=5.0）。

（3）新的社会脆弱性得分可以通过式（4.1）计算，敏感性值（sensitivity score，SENS）为

$$\text{SENS} = \text{SOVI}_{new} - \text{SOVI}_{old} \quad （4.3）$$

其中，SOVI_{new} 为敏感性分析后的脆弱性得分，SOVI_{old} 为敏感性分析前的脆弱性得分。敏感性值越大说明目标影响因素在该区域的影响越明显。

通过计算 26 个新影响因素权重得到一个 26×26 的矩阵。26 个影响因素中敏感性最高的是该地区最需要改善的因素。改善该因素是降低脆弱性的最有效的方法。

表 4.6 为所有地区的综合敏感性得分分布情况。可以看出，城区与郊区交接

部位的敏感性得分比较低，市中心地区和郊区的敏感性得分较高。这个结果为降低每个地区脆弱性并对该地区的灾害管理提供了策略。

表 4.6　A 市不同区域指标敏感性得分情况（分值范围：0.00～1.00）

地理方位	城市空间结构		
	郊区	城区与郊区交接部位	市中心地区
东部	0.30	0.19	0.94
西部	0.65	0.18	0.68
南部	0.33	0.22	0.70
北部	0.85	0.23	0.63

4.2　灾害信息传播对城市社会脆弱性的影响

突发事件信息传播是一个大的系统，主要由灾害信息本身、发布者、传播媒体或载体、接受者等子系统构成。从来源划分，信息包括官方信息，也包括非官方信息，如谣言、舆论等。在突发事件中，信息的传播具有传播速度快、传播影响大、真伪难辨等特点（Simard and Eenigenburg, 1990；Zook et al., 2010）。因此，探索灾害前、中、后的信息传播过程，对于研究突发事件下的社会脆弱性有着非常重要的意义。

4.2.1　基于多信息媒介的灾前预警信息传递机理及传递效率分析

在城市灾前多信息媒介传播预警信息方面，评价了包括电话、短信、电视、微博、网站、邮件、收音机、报纸、宣传车、固定喇叭、口头共 11 种信息传播媒介的传播机理及传递效率。以 A 市为例，通过调查问卷，对 370 名 A 市市民进行了调查。得到了年龄、性别、学历、职业等基础信息以及包括各媒体的使用频率、可信度、转发情况等信息。研究了信息媒介的信息传播机理并根据各媒介传播特点，将信息媒体分为三类：人-人无距离传播媒介、人-人有距离限制的传播媒介、人-大众媒体信息传播媒介，并建立信息传播模型。

以微博、电视为例，建立了人-人无距离传播媒介与人-大众媒体信息传播媒介的信息传播流程图（图 4.2、图 4.3）。同时，对人-人有距离限制的传播方法——口头交流，通过调查问卷得到的真实数据，考虑 A 市人口密度分布，并根据灾害下人员口头传播特征（Katada et al., 1999），模拟各途径下的 A 市灾前预警信息传递过程及效率并对不同群体（如青年、中年、男性、女性、城市居民、郊区居民等）进行了详细分析。通过信息传播特征，建立了各信息途径的有效信息传播概率与平均延迟时间模型。基于各信息媒介的信息传播机理，对研究区域进行灾害信息传递模拟。

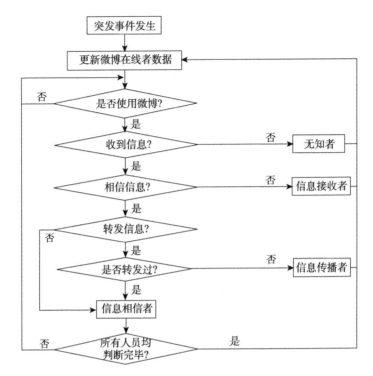

图 4.2　微博信息传递流程

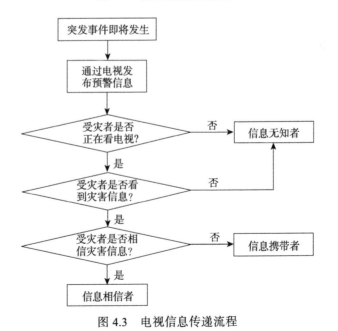

图 4.3　电视信息传递流程

以年龄、性别及居住地区域为影响因子，对短信、微博、手机电话、口头交流、电视和新闻网站六大信息传播途径进行了详细分析（图 4.4～图 4.6，表 4.7）。

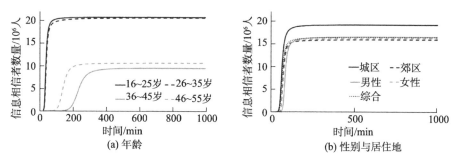

图 4.4　不同群体下的短信信息传播情况图

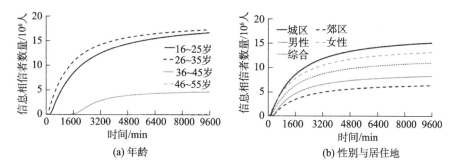

图 4.5　不同群体下的微博信息传播情况图

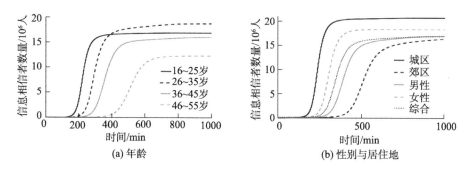

图 4.6　不同群体下的手机电话信息传播情况图

以短信为例，16～35 岁的较年轻的人群比 36～55 岁的中年人群具有高信息传递能力，同时，郊区的信息传播能力比城区的要低很多，而男女性差异在短信信息传递能力方面的影响基本可以忽略。经过各信息媒介的综合信息传递效果分析发现，由于部分信息媒介使用率较低，A 市郊区的信息传递能力落后于城区。

同时，通过分析得到的各种信息媒介传递效果，得到人员接受信息数量与时间的关系图（图 4.7），对各媒体的信息传播时间与信息覆盖率进行了综合分析（表 4.7、图 4.8）。

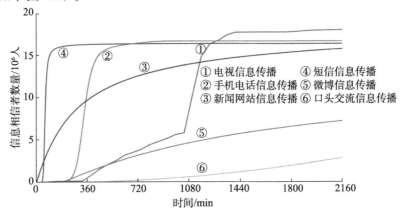

图 4.7　不同传播媒介的信息传播情况比较

表 4.7　六种信息媒介人员使用情况及置信度情况

传播媒介	媒介置信度/%	媒介覆盖率/%	使用频率	人均转发数/人
短信	41.3	97.2	> 10 次/天	11.8
微博	48.3	66.5	7.5 次/天	132.0
新闻网站	57.7	85.0	84.5 min/天	0
手机电话	43.3	99.0	> 10 次/天	9.7
电视	79.0	91.7	99.9 min/天	0
口头交流	38.9	100.0	—	3.9

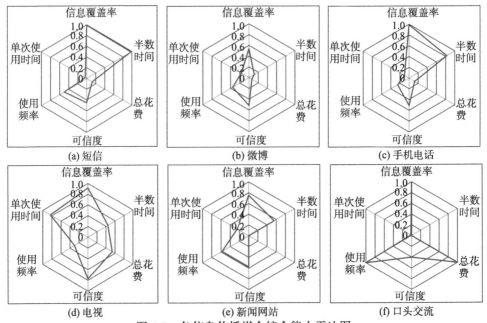

图 4.8　各信息传播媒介综合能力雷达图

4.2.2　考虑动态人员脆弱性分布的广播车预警信息发布

考虑到灾害可能对信息传播网络造成破坏，导致信息传播网络瘫痪。以广播车作为信息传播媒介，开展预警信息发布过程的研究。由于大气吸收、地面吸收及反射、障碍物阻挡等导致的声音传播衰减，参照《声学　户外声传播的衰减　第2 部分：一般计算方法》（GB/T 17247.2—1998）和《建筑门窗空气声隔声性能分级及检测方法》（GB/T 8485—2008），计算广播车声音传播范围，结合 A 市研究区域中的建筑物高度，确定广播车声音传播范围为 40～60m。同时由于广播车速度和数量的影响（任少云，2005；Kolesar et al.，1975），本节根据人员脆弱性分布、考虑车流量信息等，研究不同时间段、不同宣传车广播范围、不同车速、不同车辆数四个影响因素下的广播车信息传播。

在广播车传播灾前预警信息的路径优化方面，传统的贪婪算法是基于点到点的路径优化（Johnson and McGeoch，1997），本节以广播车声音范围为面，考虑建筑物高度影响，设为目标点（图 4.9）。

图 4.9　改进的范围性贪婪算法举例

传统的贪婪算法无法满足本节点到面的路径优化需要，并且，由于广播车进行信息传播是范围性的特殊性，本节基于贪婪算法，建立了改进的范围性贪婪算法，考虑范围性信息传播，对广播车宣传路径进行计算。

通过案例分析，调整广播车路径优化具体流程，不断提高优化效率，建立了宣传车传播灾前信息的优化路径流程（图 4.10）。同时通过节点划分，考虑不同广播车出发点下的信息通知情况，最终得到了对研究区 450 多座建筑物进行信息传达的广播车优化路径，保证研究区内人员在尽可能短的时间内接收到灾害信息，从而实施有效的人员疏散。改进的范围性贪婪算法可以大大缩小结果与理论最优解间的差距。

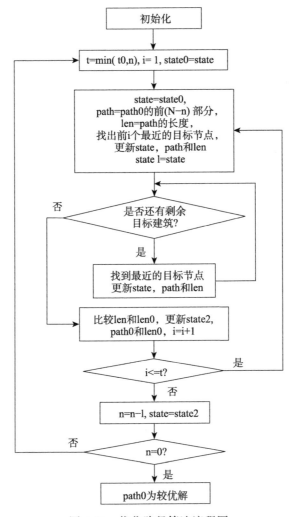

图 4.10　优化路径算法流程图

本节模拟了 81（3×3×3×3）个案例（表 4.8），对不同时间段（工作时间、傍晚、夜间），不同广播车数量（1、2、4），不同广播声音传播半径（40m、50m、60m）以及不同车速（10 km/h、20 km/h、30 km/h）进行了模拟，模拟案例见表 4.9。

表 4.8　模拟案例列表

时间段	广播车参数		
	广播车数量	声音传播半径/m	车速/（km/h）
工作时间（8:30~17:30）	1	40.0	10
傍晚（19:30~22:30）	2	50.0	20
夜间（23:00~7:00）	4	60.0	30

表 4.9 模拟组介绍

模拟组	参数			
	时间段	广播车数量	声音传播半径/m	车速/（km/h）
1（3 个案例）	所有	4	60	30
2（81 个案例）	所有	所有	所有	所有
3（27 个案例）	工作时间	所有	所有	所有
4（27 个案例）	夜间	所有	所有	所有
5（1 个案例）	工作时间	2	60	20

由于在灾害情况下人员疏散过程当中，城市中应急避难所的数量大大影响了平均人员疏散距离与疏散时间，这也对疏散结果有着直接的决定作用（Wood and Schmidtlein，2012）。通过对研究区域的实地考察情况，并对不同情况下的疏散者疏散轨迹及避难所使用情况进行了分析，发现不同时间段下的避难所使用情况差别较大。白天人员疏散拥挤程度明显大于晚上，一些大型商业建筑附近，由于人流量非常大，并且周围建筑物排列紧密，导致疏散中非常容易出现人员拥堵的问题。

在夜间休息时段，几乎所有人群聚集在居住区中，一些宿舍区的疏散也体现出了较高的脆弱性。针对过程中发现的高脆弱性区域，进行针对性的建筑物及避难所改善建议，优化疏散路线，将高密度疏散人群进行分流，达到优化疏散、减缓拥堵的目的（图 4.11）。

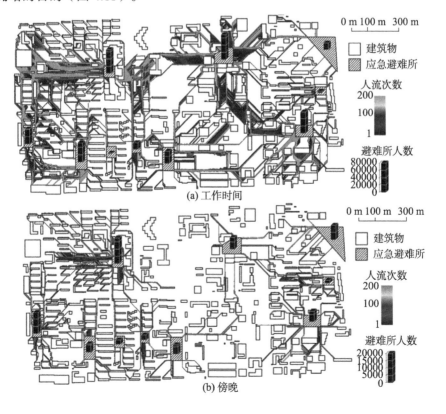

(a) 工作时间

(b) 傍晚

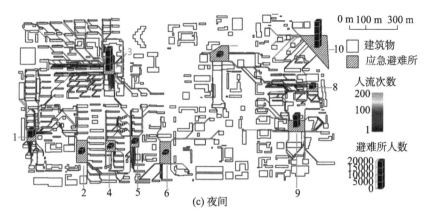

图 4.11　不同时间段的疏散人员分布情况

同时，通过分析信息传递时间与疏散情况的关系，研究得到了不同情况下疏散时间随各影响因素的变化规律（图 4.12），从而明晰各影响因素作用机理，发现随着广播车车速和声音传播半径的增加，信息传播和疏散的时间是减少的。继续增加车速及声音传播半径，宣传效果提升不显著。这一结果有助于对广播车车速及声音传播半径的制定提供理论依据。

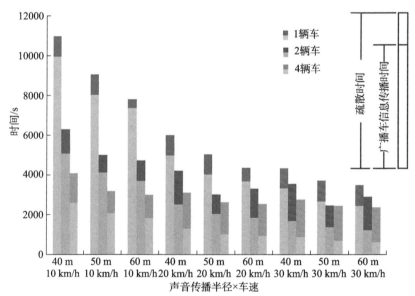

图 4.12　不同参数下的信息传递和疏散时间分析

由于在实际情况下，可以根据不同的灾害给出不同的疏散允许时间，从而确定出特定的疏散计划。经过优化的详细的疏散方案可以减少疏散时和疏散中的拥挤情况。通过观察不同影响因素对人员拥挤程度的影响，发现车速、声音传播半径对于广播车数量对人员拥挤的影响不是非常明显。这也说明加快信息传播速度，可以有效提高人员疏散效率（图 4.13）。

在夜间的休息时段，疏散时间与人员拥挤程度比较明显，随着疏散者总数量的减少，车速及声音传播半径对于拥挤情况影响会更加剧烈。在夜间进行人员疏散时，可以结合疏散时间与人员拥堵间的主次关系，通过调整疏散时拥堵情况，选择疏散最优点，从而为不同灾害需求的相关疏散策略提供依据（图 4.14）。

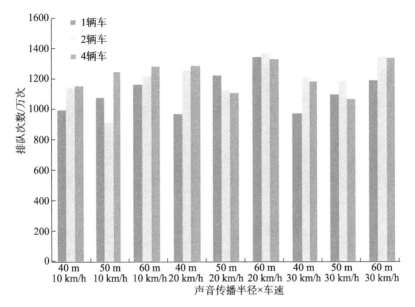

图 4.13　白天工作时间下，疏散拥挤程度与广播车数量、车速和声音传播半径的关系

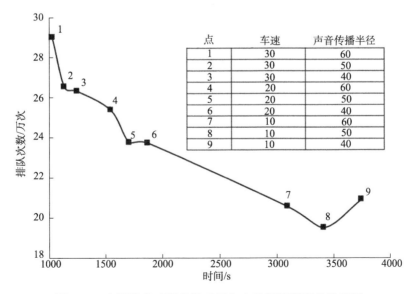

图 4.14　夜间休息时段疏散时间与人员拥挤程度的关系图

　　为了更详细地对人员拥堵进行分析，针对研究区中人员拥堵的区域，考虑由疏散区域物理及疏散人员心理相耦合的各种拥堵情况（图 4.15），对研究区域中各拥堵隐患区域进行排查。

　　利用在疏散易拥堵区域安插固定喇叭对疏散人员的实时向导，减少疏散带来的不必要的人员拥堵（Takubo et al.，1996），并通过模拟分析利用固定喇叭进行实时引导前后疏散拥挤量对比（图 4.16），发现安装固定喇叭后，因疏散造成的人员拥堵峰值仅为未安装固定喇叭时的 30%左右，大大优化了人员疏散效率。研究成果对灾害中人员疏散有着重要的作用，为各时段、各灾害下的人员疏散提供参考，为决策制定提供依据，有助于减少灾害中人员伤亡及财产损失。

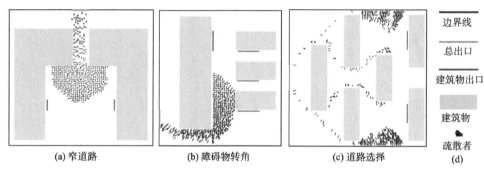

图 4.15　三种不同情况下的人员拥堵情况

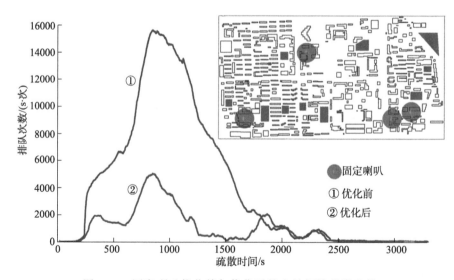

图 4.16　固定喇叭优化前与优化后的人员拥挤程度比较

　　以上分析结果为提出面向大城市灾害预警信息传播与区域疏散的政府决策方案奠定了基础，也可以帮助政府建立有效的疏散计划，从而降低人员伤亡与经济损失。

4.3　信息传播模型在谣言扩散中的应用

谣言具有不确定性和重要性两种属性（Treadway and McCloskey，1987），是没有得到官方的认证就发出来的一种信息，并且往往对社会产生负面的影响（Singh A and Singh Y N，2013）。谣言往往在大灾害中产生，更容易对个人安全及社会稳定造成很大的负面影响。例如，2010 年，匈牙利红河洪水，一个"泥巴中含有放射性物质"的谣言，让当地居民产生了很大的心理阴影（Enserink，2010）。欧洲在过去 30 年，一系列众所周知的食物被冠上有毒且致癌的头衔，引起了不必要的公众恐慌（Kapferer，1989）。在 3·11 日本大地震导致核泄漏后，我国传出吃碘盐可有效防辐射的谣言，导致大量居民盲目购买碘盐，以致碘盐脱销（Zhang，2012）。新浪网在 3·11 日本大地震之后，做了一个关于灾害中谣言的调查。调查结果显示，超过 80%的人是通过口头、网站、微博、电话及短信获取到谣言的，在所有传播渠道中，口头传播为谣言传播最主要的形式，占近 36%。故本书以口头传播为主，网站、微博及电话信息传播为辅，研究谣言在城市中的扩散情况。

4.3.1　谣言扩散模型研究方法

由于信息媒介日益增多，信息传播速度日益增快，散布谣言也变得更加严重。在当前大城市中谣言扩散的背景之下，本章基于 SIR（susceptible infected recovered）传染病模型（Zhao et al.，2013）建立了八状态 ICSAR（ignorance，carrier，spreader，advocate，removal）谣言扩散模型，利用口头传播过程，对 A 市的谣言扩散进行了模拟，并计算了谣言扩散风险。八状态 ICSAR 谣言扩散模型中八状态分别详细介绍见表 4.10。

表 4.10　八状态 ICSAR 谣言扩散模型具体介绍

符号	名称	说明
I（Ignorance）	信息无知者	还没有获取到相关信息的人
I_R（Ignorant Removal）	信息无知移出者	对信息不感兴趣的人
R_C（Rumor Carrier）	谣言携带者	相信谣言但是不会传播谣言的人
R_S（Rumor Spreader）	谣言传播者	相信谣言并且会传播谣言的人
R_A（Rumor Advocate）	谣言提倡者	坚信谣言不会动摇的人
T_C（Truth Carrier）	辟谣信息携带者	相信辟谣信息但是不会传播辟谣信息的人
T_S（Truth Spreader）	辟谣信息传播者	相信辟谣信息并且会传播辟谣信息的人
T_A（Truth Advocate）	辟谣信息提倡者	坚信辟谣信息不会动摇的人

同时，从信息受体（人）及信息本身的特征出发，引入了以下影响因素：信息吸引度 A、谣言客观可识别度 ε_1、辟谣信息客观可识别度 ε_2、人员主观判断力 S、媒介置信度 P_b、人员传播信息的概率 P_s、信息传播者对信息的置信系数 c_1、专家影响 x 以及人对自身已知信息的坚信程度 r。

通过对各影响因子的分析及各人员状态间的转换关系分析，建立了基于政府干预的谣言与辟谣信息竞争的八状态 ICSAR 谣言扩散模型（图 4.17），各状态量间的转换关系如式（4.4）～式（4.11）所示。

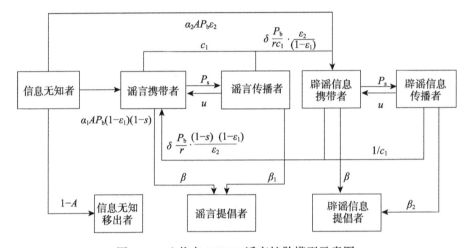

图 4.17　八状态 ICSAR 谣言扩散模型示意图

$$\frac{\mathrm{d}I}{\mathrm{d}t} = -\alpha_1 A P_b (1-\varepsilon_1)(1-s)IR_S - \alpha_1 A P_b \varepsilon_2 IT_S \qquad (4.4)$$

$$\frac{\mathrm{d}R_C}{\mathrm{d}t} = \alpha_1 A P_b (1-\varepsilon_1)(1-s)IR_S + \mu R_S(R_C+R_S+R_A) - \beta R_C + c_1 T_C R_S -$$
$$\frac{\delta P_b \varepsilon_2 T_S R_C}{r(1-\varepsilon_1)} - P_S R_C + \frac{\delta P_b (1-\varepsilon_1)(1-s)}{c_1 r \varepsilon_2}[T_S(R_C+R_S+R_A)] \qquad (4.5)$$

$$\frac{\mathrm{d}R_S}{\mathrm{d}t} = P_S R_C - \frac{\delta P_b \varepsilon_2 R_S(T_S+T_S+T_A)}{c_1 r(1-\varepsilon_1)} - \mu R_S(R_S+R_S+R_A) - \beta_1 R_S(R_S+R_S+R_A^\chi) \qquad (4.6)$$

$$\frac{\mathrm{d}R_S}{\mathrm{d}t} = P_S R_C - \frac{\delta P_b \varepsilon_2 R_S(T_C+T_S+T_A)}{c_1 r(1-\varepsilon_1)} - \mu R_S(R_C+R_S+R_A) - \beta_1 R_S(R_C+R_S+R_A^\chi) \qquad (4.7)$$

$$\frac{\mathrm{d}T_S}{\mathrm{d}t} = P_S T_C - \frac{\delta P_b (1-\varepsilon_1)(1-s)}{c_1 r \varepsilon_2}[T_S(R_C+R_S+R_A)] - \mu T_S(T_C+T_S+T_A) - \beta_2 T_S(T_C+T_S+T_A^\chi) \qquad (4.8)$$

$$\frac{\mathrm{d}I_R}{\mathrm{d}t} = 0 \qquad (4.9)$$

$$\frac{dR_A}{dt} = \beta R_C + \beta_1 R_S (R_C + R_S + R_A^\chi) \qquad （4.10）$$

$$\frac{dT_A}{dt} = \beta R_C + \beta_2 T_S (T_C + T_S + T_A^\chi) \qquad （4.11）$$

其中，谣言扩散及辟谣过程中各状态间的转变率具体定义如下：α_1 为信息无知者到辟谣信息携带者的转变速率；α_2 为信息无知者到谣言携带者的转变速率；δ 为辟谣信息/谣言携带者到谣言/辟谣信息携带者的转变速率；μ 为谣言/辟谣信息传播者到信息携带者的转变速率；β 为谣言/辟谣信息携带者到谣言/辟谣信息提倡者的转变速率；β_1 为谣言传播者到谣言提倡者的转变速率；β_2 为辟谣信息传播者到辟谣信息提倡者的转变速率。

并且，考虑政府通过各渠道进行辟谣，从谣言孕育、谣言发生、谣言扩散、谣言衰减和谣言消失五个阶段，通过更多专家对谣言的解读，针对谣言，对广大群众进行相应的科学教育，提升人员主观判断力，降低谣言客观可识别度，降低谣言孕育的可能性及谣言扩散规模，加快谣言消失速度（图 4.18）。

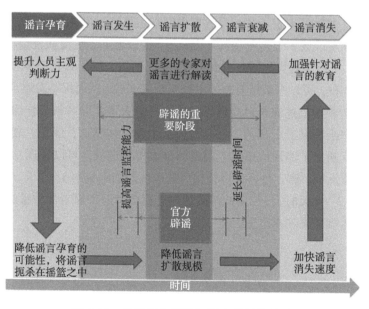

图 4.18　政府官方辟谣与谣言传播的关系

基于改进后的八状态 ICSAR 谣言扩散模型、大规模的人员流动数据以及政府辟谣，本节以 A 市为例建立了动态的时空谣言传播风险评估模型，以该市作为研究区域，将其划分成 1km×1km 的网格。根据实际地图大小，A 市共被划分成 16498 个网格，每个网格（1km×1km）的综合谣言扩散风险 R 定义为每个时间步长该网格中可能被谣言"感染"的平均人数。

4.3.2 谣言扩散模型实际应用

信息的载体是人，信息流动离不开人员的流动。由于 A 市人口密集，人员流动繁杂，本节选择 A 市作为研究区域，研究人数规模设置为 2500 万人。为了充分考虑人员流动性以及个人属性对谣言扩散的影响，结合 A 市 15 条地铁线、232 个地铁站、10000 多个公交车站以及 50000 辆出租车的动态分布数据，模拟出真实情况下一天中人的动态轨迹。本章所有交通数据（包括地铁、公交车以及出租车的动态数据及人员乘坐情况）均来源于 A 市交通委员会。

结合 A 市地铁站、公交站与道路数据，得到了 A 市的公共交通分布规律：大多数地铁站及公交站分布在城市中心，并且从公交站分布可以发现，A 市东南比西北交通更加密集。

由于人员主观判断力对谣言传播的影响巨大，首先对人员主观判断力进行计算分析。A 市居民的个人属性数据均来源于 2010 年 A 市人口统计年鉴，数据包括 A 市各街道人口密度、人员性别、年龄、受教育程度分布情况。由此得到面向谣言扩散的 A 市人员主观判断力分布结果。结果表明 A 市城区的个人主观判断力比郊区高，这主要是由于城区的受教育程度高于郊区。A 市的南部、西南部及西部包括区域 a 及区域 b 个人主观判断力较差。这些地方不仅受教育情况不容乐观，并且老年人、小孩等弱势群体分布也比较集中。所以，加强 A 市整体教育水平，均衡弱势群体分布，可以有效提升总体主观判断力水平，从而提高对谣言的抵抗力。

图 4.19 为根据上述综合风险计算方法算得的 A 市部分区域综合谣言扩散风险分布图，图中绘制出了 1 周内，谣言如何从生成，到蔓延、爆发、衰减、最终消亡，同时也反映出了辟谣信息在一周内的整体传播过程，可以发现，由于电子信息媒介的快速发展，谣言传播速度极快，基本在谣言生成第 1～2 天，就进入了爆发期，并在第 3～4 天时衰减，而此时辟谣信息携带者及传播者的数量达到最大值。最终，谣言在第 7 天基本消失。

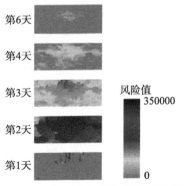

图 4.19　A 市部分区域 1 周内的综合谣言扩散风险分布图

由于谣言扩散风险与人员流动紧密相关，所以本章研究了在谣言爆发期（第 2 天）内不同时间段（上午 8 点、下午 4 点及午夜 12 点）的谣言扩散风险分布情况。一方面，上午 8 点与午夜 12 点时人员待在家中，由于城区人口密度较高，城区风险要大于郊区风险；另一方面，在下午 4 点工作时间，谣言扩散风险的分布与公共交通分布尤其与地铁站的分布呈明显的相关趋势。这是由于办公区域往往都邻近地铁站，以及各大公交站点，人员流动在这些站点附近较为集中，因此地铁站及大型公交站附近呈现高风险。因此，政府应该着力将辟谣信息发布在大型公交站以及地铁站，这样能非常有效地阻止谣言传播，降低谣言风险。图 4.20 为本书假设 A 市所有居民一天内的作息情况。

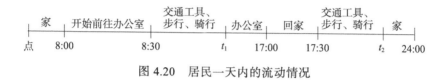

图 4.20　居民一天内的流动情况

图 4.21 为谣言及辟谣信息在缺少不同信息传播媒介下的传播情况。通过不同传播媒介的敏感性分析发现，切断微博传播途径，能对谣言的爆发期达到最佳抑制作用，其次是短信与网站新闻。

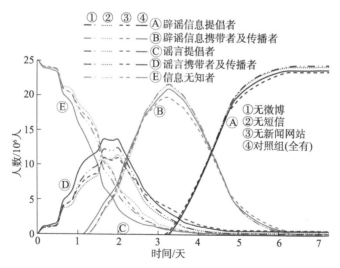

图 4.21　缺少不同信息传播媒介下的谣言及辟谣信息传播情况

由于谣言传播与上述提到的很多因素有关，本节主要研究了不同传播媒介、传播场所、不同政府辟谣信息覆盖率、政府辟谣信息发布阈值共四个影响因素对谣言传播的影响。

图 4.22 为缺少不同传播场所下，谣言及辟谣信息提倡者、携带者、传播者及信息无知者的数量变化情况。图中显示，地铁以及办公室两个场所更能促进口头信息的传播。办公室有利于口头传播的原因在于办公室的人数较多，并且大家的亲密度较大，交流比较频繁。地铁则是因为基础人数较多，密度大，很多人可同时听到一些信息。

图 4.23 为不同政府辟谣信息覆盖率（100%、80%、60%、40%）下的谣言及辟谣信息传播情况。分析发现较低的政府信息覆盖率会加大谣言传播规模，推迟辟谣信息爆发的时间，并降低最终的辟谣信息提倡者数量。提高政府辟谣信息覆盖率虽然能降低爆发强度，但是降低效率会随着覆盖率的上升而下降。突发事件下，政府可选择并结合不同信息媒体，实现不同辟谣信息覆盖率。

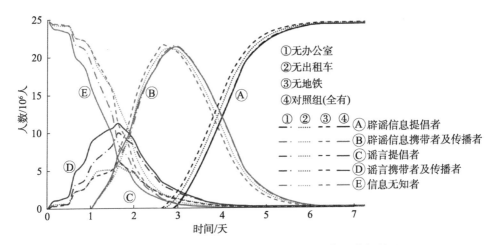

图 4.22　缺少不同传播场所下的谣言及辟谣信息传播情况

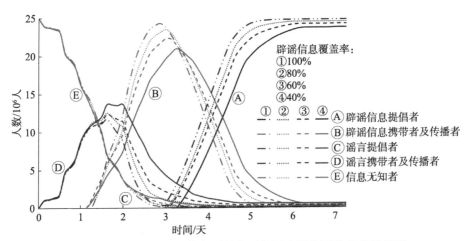

图 4.23　不同政府辟谣信息覆盖率下的谣言及辟谣信息传播情况

不同政府辟谣信息发布阈值会影响谣言传播的规模以及受影响人数达到最大值的爆发时间。图 4.24 为不同政府辟谣信息发布阈值下谣言及辟谣信息传播情况。分析发现，政府越早辟谣，越能大幅度抑制谣言爆发的规模，并且越早越明显。在谣言大规模传播前尽早抑制谣言，可以大大减小负面影响。此外，较低的阈值也可以让最终状态下辟谣信息提倡者的数量上升。

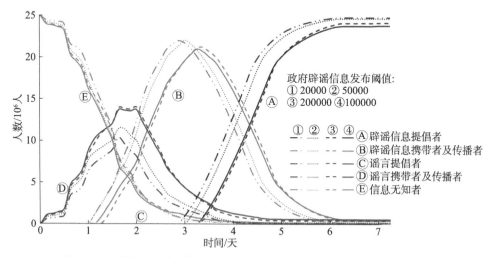

图 4.24　不同政府辟谣信息发布阈值下谣言及辟谣信息传播情况分析

4.4　信息传播模型在突发事件下的应用

本节以危化气体泄漏为例，建立了一套基于政府信息发布的信息传播体系，对不同情况下的人员决策进行分析。为灾区中每一位人员提出了最优化的决策建议。该研究的灾害信息传播机制及系统，可为政府实时决策提供强有力的支撑；同时，以大城市中的传染病扩散为例，建立了时空全面风险分析模型，计算以 A 市为例的大城市中的传染病扩散风险，基于得出的风险评估结果及敏感性分析结果，为政府部门以及公共卫生部门提出了优化方案，从而将传染病扩散最小化。

4.4.1　危化气体泄漏下的应用

近些年来管道老化以及潜在不科学的工业、管道设计，工厂的大量建立，复杂的交通情况都导致了危化品泄漏事故显著增加。在中国，从 2006 年至 2011 年 6 年中，就有 1400 多起危化气体泄漏的事故（Li et al., 2014）。例如，2003 年 8 月 4 日黑龙江齐齐哈尔市发生的芥子气泄漏事故，最终导致 44 人受到了污染的伤害（孙景海等，2003）。这些危化品泄漏事件导致了大量的人员伤害甚至死亡，以及大面积的空气及土地污染。因此，从公共安全角度分析，有必要研究城市中的危化品泄漏过程。

本节主要针对危化气体泄漏下，在危险被政府监测到或人员直接观测到的情况下，信息会通过各种信息传播途径被发布的情况（图4.25）。

信息发布途径主要包括社会媒体，以及人际间的信息自传播。当灾区的居民获取到灾害信息时，根据现实情况对每个居民进行动态风险分析，从而决定该居民是应该在家还是应该进行疏散。如果在家，是应该打开窗户还是应该关闭窗户，如果疏散，如何将最近疏散路径与危化品实际扩散情况相结合，制定出最小疏散风险路径。以一氧化碳（CO）泄漏为例，对6组不同的案例进行了计算分析（表4.11）。

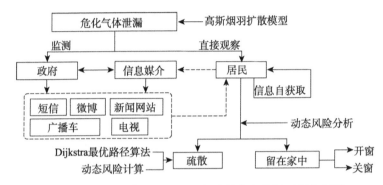

图4.25　危化气体泄漏下的灾害决策信息传播过程分析图

表4.11　六组案例简介

案例	信息获取时间 /min	泄漏持续时间 /min	平均风速 /（m/s）	危化气体泄漏 速度/（kg/s）	模拟时间 /s
1	20	40	2.3	10	3600
2	5	40	1.0	10	4800
3	2.5~15	40	2.3	10	5000
4	8	20~60	2.3	10	5000
5	8	40	0.3~4.3	10	5000
6	8	40	2.3	1~50	5000

首先模拟了研究区域在5 min、10 min、15 min以及20 min下的危化气体泄漏情况，并对整体风险进行了分析评估（图4.26）。

同时，考虑到二维图像不能很好地反映研究区整体风险分布效果，本节绘出了3D视图下，危化品泄漏20 min后的风险分布图，并对不同建筑结构的楼房进行了沿Z轴分布的风险分析（图4.27）。

此外，对四个不同位置建筑物的人员开展了危化品泄漏情况下的风险分析，分析了不同情况下居民应做出的应急响应策略。图4.28为面向人员疏散的危化气体泄漏风险分析图。其中偏黑色星号代表泄漏源，偏灰色星号代表安全节点，偏灰色道路代表风险道路而偏黑色道路代表安全道路。A、B、C、D 分别为居住在不同建筑物不同层数的四位居民。

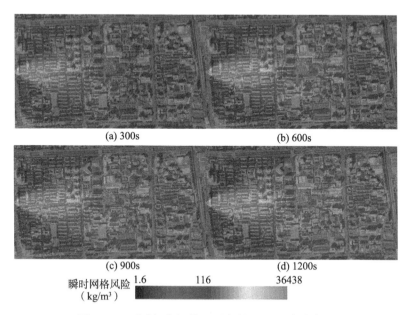

(a) 300s　　　　　　　　　　(b) 600s

(c) 900s　　　　　　　　　　(d) 1200s

瞬时网格风险
（kg/m³）　1.6　　　　　116　　　　　36438

图 4.26　不同危化气体泄漏事件下的风险分布图

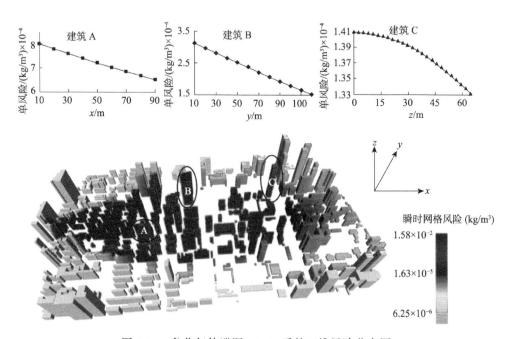

图 4.27　危化气体泄漏 20min 后的三维风险分布图

图 4.28 面向居民疏散的危化气体泄漏风险分析图

在案例 1 中（图 4.29），通过模拟发现，在信息获取时间较长的情况下（20 min），关窗的作用不大。可根据每位居民的不同特征，选择疏散并制定疏散路线或者安静待在家中。

表 4.12 人员 A、B、C、D 的位置介绍

人员	坐标（m，m）	所住楼层
A	（140，540）	1
B	（500，630）	4
C	（1200，510）	3
D	（1370，740）	25

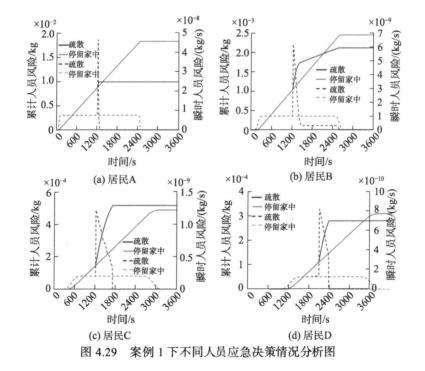

图 4.29 案例 1 下不同人员应急决策情况分析图

接下来对案例 2 进行分析，在案例 2 中，假设政府监测系统发达并且信息传播机制高效，并且较低的风速会让危化气体的扩散速度减慢，但同时也会增加气体覆盖区域中危化气体的浓度。在这种情况下，政府在帮助人员进行疏散决策时，更应该考虑疏散路径中的风险。但是，由于人员获取信息时间较早，并且风速较慢，在获取到信息时很可能危化气体还没有扩散至该人员住处，对于应该留在室内的人员，政府应快速传播信息，指导人员关窗从而减缓室外气体进入室内，减少人员呼入危化气体量。图 4.30 为案例 2 下不同人员应急决策情况分析图。

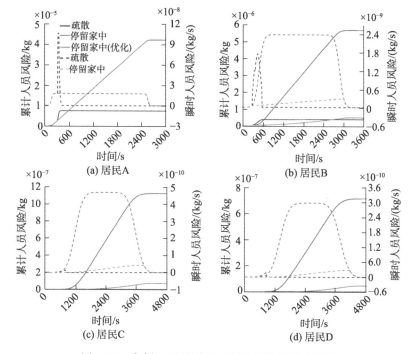

图 4.30　案例 2 下不同人员应急决策情况分析图

案例 3～案例 6 分别在不同的信息获取时间、风速、泄漏持续时间及危化气体泄漏速度的情况下，进行了敏感性分析（图 4.31）。发现信息获取时间主要影响人是否应该关窗的决策（信息获取时间越长，是否关窗的意义就越小），泄漏持续时间主要影响人是否应该疏散的决策（泄漏持续时间越长，受灾者越应该实施疏散），风速也主要影响人是否应该关窗的决策（风速越大、是否关窗的意义就越小），危化气体泄漏速度不仅影响疏散情况，也影响关窗的决策（泄漏速度越快，疏散者的数量越少）。

综上所述，为了保证危化气体泄漏下的人员生命安全，政府及相关部门应该基于不同受灾区中人员预警信息获取时间、风速、泄漏持续时间、危化气体泄漏速度等参数为不同位置的人员制定最适合的优化决策方案，从而使灾区中各人员的受灾风险达到最低。

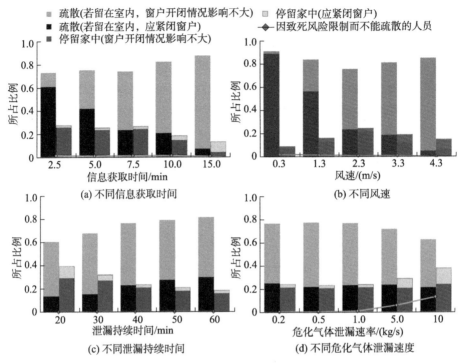

图 4.31　不同影响因子变化下的个人决策变化分析图

4.4.2　传染病扩散下的应用

　　本节建立了一个时空传染病风险分析模型。首先，对 ICSAR 谣言扩散模型进行了一些修正。本节以 A 市为例，将 A 市分为 1 km×1 km 的网格，x 方向 198 个，y 方向 115 个。传染病在 22770 个网格中进行传播。同时，结合了 A 市 15 条地铁线、232 个地铁站、10000 多个公交车站以及 50000 辆出租车的动态分布数据，模拟出真实情况下一天中人的动态轨迹（居民一天内流动情况见图 4.20）。

　　在传染病传播过程中，考虑了人员本身影响，包括年龄（Kallman et al., 1990）、受教育程度、性别（Pearman, 1978）、慢性病（Shahrabani and Benzion, 2006; Gu et al., 2004）以及吸烟（Horvath et al., 2012）对个人易感性的影响；在环境影响因子中，考虑了温度、湿度，以及不同场所卫生条件、通风情况、人口密度以及人的亲密度的影响。在结合所有影响因子的情况下，本节模拟了 A 市基于空气传播的传染病传播，发现风险集中于 A 市城区，且人员流动越频繁的区域风险越大，这些区域多在地铁站附近或郊区的城镇中心。

　　从时间分布的角度来看（图 4.32），根据模拟，在设置的标准参数的情况下，假设第一天为首例传染病患者确诊日，第五天传染病开始渐渐蔓延，12～17 天为传染病的暴发期，22 天，传染病开始渐渐消退，1 个月之后，传染病逐渐消失。

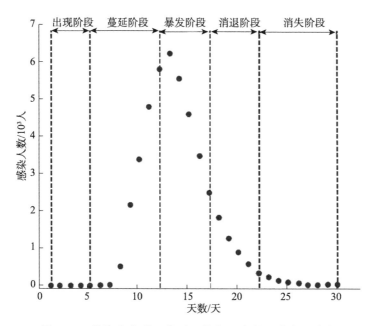

图 4.32　传染病出现、蔓延、暴发、消退、消失五阶段

同时，本节分析了不同影响因素对传染病传播的影响。通过对不同家庭户中平均人数的敏感性分析发现（图 4.33），平均每户的人数越多，传染病的传播越容易。

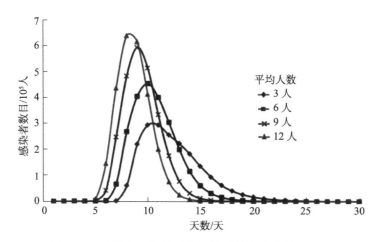

图 4.33　不同家庭户中平均人数对传染病传播的影响

通过不同交通工具及不同地点对传染病传播的影响发现（图 4.34），家是传

染病传播中最关键的场景。由于人员白天会在各种场景中与各类人接触，携带病毒，而在家中与家人亲密度较高，所以传染的概率较大。作为公共交通，由于地铁的人流异常繁杂，地铁是传染病传播中最容易进行病毒传播的一环，很大程度上能决定传染病的暴发速度与规模。

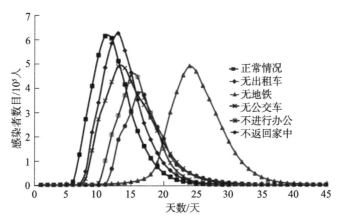

图 4.34　不同交通工具及不同地点对传染病传播的影响

通过对不同政府及卫生部门响应时间的敏感性分析发现（图 4.35），政府及卫生部门尽早采取隔离措施，能在很大程度上抑制传染病的传播过程。2～3 天之后采取隔离行动与 6～7 天之后采取隔离行动相比，感染人数降低 75%左右，同时也能延迟暴发的时间。

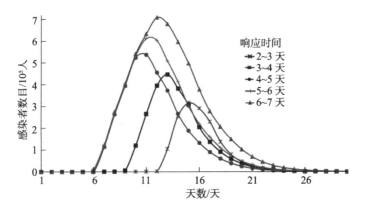

图 4.35　不同政府及卫生部门响应时间对传染病传播的影响

最后，本节对不同病毒的感染性进行了敏感性分析（图 4.36），很明显，高感染性的病毒容易导致大规模的传染病扩散。低感染性的病毒不仅延迟了传染病暴发期的时间，也大大降低了暴发规模。所以，通过药物等降低传染病病毒的活性，从而降低其传染能力也能很大程度上抑制传染病的传播。

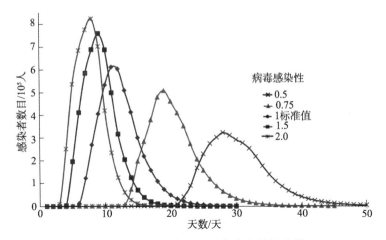

图 4.36　不同病毒感染性对传染病传播的影响

第 5 章

CHAPTER 5

城市物理脆弱性分析

近年来，我国城市发生了多起涉及建筑、地下管线等城市基础设施的事故，如湖北省十堰市"6·13"重大燃气爆炸事故、福建省泉州市欣佳酒店"3·7"坍塌事故等，给我们带来了惨痛的教训。城市基础设施对城市正常运转具有重要作用，生命线管网的正常运转是城市正常运行和市民正常生产生活的基础保障之一。城市基础设施的物理脆弱性分析和风险评估技术对于保障城市正常与安全运行具有重要意义。分析基础设施的物理脆弱性有助于减少城市脆弱性，为提高抗灾能力、降低灾害损失提供了一个很好的途径。所以，综合考虑城市基础设施的物理脆弱性和社会脆弱性在公共安全科学领域有着极为重要的意义。

本章主要介绍建筑脆弱性、生命线脆弱性和监测预警与反演溯源技术三部分内容。其中建筑脆弱性部分主要介绍建筑脆弱性的指标体系构建方法，并以某市为例进行了案例分析。生命线脆弱性部分主要结合复杂网络和水力学计算的分析方法，分别进行节点脆弱性分析和管段脆弱性分析，并在此基础上进行综合脆弱性分析。监测预警与反演溯源技术以燃气管网泄漏物质扩散为主线，基于 CFD（computational fluid dynamics，计算流体力学）构建综合考虑土壤和大气扩散动力学耦合的反演溯源预警方法。

5.1 城市建筑脆弱性分析

灾害往往导致建筑物的直接破坏，造成财产的重大损失。更主要的是，建筑物倒塌导致大量人员的伤亡和其他次生灾害。很多城市功能的丧失或削弱也是由相关设施遭到破坏导致的。每个城市都存在新兴区和老旧区，建筑物的建筑结构、年代、质量、设防标准都存在差异。

因此，以城市建筑物系统的易损性作为研究对象基本上可以代表建筑物的脆弱性。通过对城市区域易损度的评价可以找出城市防灾脆弱区域，通过对脆弱区域加强防灾建设，提高建筑物抗灾能力。

5.1.1　评价方法与模型

通过定量评价各脆弱性构成要素，从脆弱性构成要素的相互作用关系出发，建立脆弱性评价模型，是脆弱性评价中较常用的一种方法。本书的城市建筑脆弱性由房屋建筑易损性表达，易损性越高，脆弱性越高。

1. 建筑物脆弱性评价指标体系构建

建筑物的脆弱性与建筑物结构、建筑物层数、建筑物房间数、建筑年限等密切相关（表5.1）。由于城市改造及开发的阶段性，各局部区域在建筑物的质量、年限等易损性方面存在着很大的差异，这一状况导致建筑物易损性分布不同。城市灾害造成人员伤亡和财产损失，往往是由于灾害直接损坏建筑物，建筑物的倒塌和破损导致人员伤亡和财产损失，以及灾害导致的次生灾害造成人员伤亡。

表 5.1　建筑物脆弱性评价指标

一级指标	二级指标
建筑物结构	钢筋混凝土结构
	混合结构
	砖木结构
	其他结构
建筑物层数	1～6 层
	6～12 层
	12～18 层
	18 层以上
建筑物房间数	0～200 间
	200～400 间
	400～600 间
	600 间以上
建筑年限	0～10 年
	10～30 年
	30～50 年
	50～70 年
	70 年以上

由于指标的量纲、数量级及指标的正负取向均存在差异，需对初始数据做标准化处理。其标准化可采用 Min-max 标准化：

$$X_i = \frac{x_i - \min(x_i)}{\max(x_i) - \min(x_i)} \tag{5.1}$$

其中，X_i 为第 i 项指标的标准化值，x_i 为第 i 项指标的数值，$\max(x_i)$ 和 $\min(x_i)$ 分别为第 i 项指标的最大值和最小值。

指标权重确定的方法有 Delphi 法、层次分析法、熵值法、主成分分析法、关联度、变异系数法和人工神经网络等方法。运用专家咨询法以及经验值对上述指标进行权重赋值。

2. 脆弱度计算

指标数据经标准化处理后加权求和即可得到易损性指数 R，再由脆弱性模型计算各个乡（镇、街道）脆弱度 V。

$$R = \sum_{i=1}^{16} X_i \omega_i \tag{5.2}$$

其中，X_i 为第 i 项指标的标准化值，ω_i 为第 i 项指标的权重。

5.1.2 结果分析

以某城市区域为例，进行建筑脆弱性分析，结果如表 5.2 所示。该区域房屋建筑脆弱性空间分布呈不均衡态势，东、南部地区脆弱性程度大于西、北部地区。脆弱性程度较大的地区具有建筑物密度大、建筑物年代较早等特点。西、北部地区城市建筑物脆弱度较小，其原因主要是这些地区建筑物密度小，空间分布稀疏。

表 5.2　该市不同区域建筑脆弱性得分情况

地理方位	建筑脆弱性得分
东部	40
西部	5
南部	35
北部	15

5.2　城市生命线系统脆弱性分析

城市生命线系统的正常运转是城市正常运行和市民正常生产生活的基础保障之一，其脆弱性分析和风险评估技术对于保障城市正常和安全运行具有重要意义。燃气管网是城市生命线系统的重要组成部分，本节以燃气管网为例，采用理论分析结合计算机模拟的方法，介绍脆弱性分析方法和综合风险评估技术。5.2.1 节为基于复杂网络的燃气管网脆弱性分析方法，并考虑物理脆弱性与社会脆弱性具有耦合关系，进一步研究了城市燃气管网综合脆弱性分析方法。5.2.2 节为基于水力计算方法研究城市燃气管网的物理脆弱性。

5.2.1 基于复杂网络的燃气管网脆弱性分析

城市燃气管网是具有众多支流、管网互相连接的复杂系统，其网络拓扑结构越来越复杂，当网络遭到自然或者人为的破坏时，一个小的扰动可能使得流量失去平衡，进而引发大尺度的继发失效。本节将复杂网络科学应用到燃气管网脆弱性分析中。

1. 复杂网络理论方法与模型

1）复杂网络基本概念

复杂网络是由数量巨大的节点和节点之间错综复杂的关系共同构成的网络结构。用数学的语言来说，就是一个有着足够复杂的拓扑结构特征的图。复杂网络具有简单网络，如晶格网络、随机图等结构所不具备的特性，而这些特性往往出现在真实世界的网络结构中。复杂网络的研究是现今科学研究中的一个热点，与现实中各类高复杂性系统，如互联网网络、神经网络和社会网络的研究有密切的关系。

其复杂性主要表现在以下几个方面。

（1）结构复杂：表现在节点数目巨大，网络结构呈现多种不同特征。

（2）网络进化：表现在节点或连接的产生与消失。例如，互联网中网页或链接随时可能出现或断开，导致网络结构不断发生变化。

（3）连接多样性：节点之间的连接权重存在差异，而且有可能存在方向性。

（4）动力学复杂性：节点集可能属于非线性动力学系统，如节点状态随时间发生复杂变化。

（5）节点多样性：复杂网络中的节点可以代表任何事物，如人际关系构成的复杂网络节点代表单独个体，互联网组成的复杂网络节点可以表示不同网页。

（6）多重复杂性融合：即以上多重复杂性相互影响，导致更为难以预料的结果。例如，设计一个电力供应网络需要考虑此网络的发展过程，其发展过程决定网络的拓扑结构。当两个节点之间频繁进行能量传输时，他们之间的连接权重会增加。

目前针对复杂网络的研究大致可以概括为三类：一是实际网络统计特性的实证研究，如互联网（Maslov et al.，2004）、电力网络（陈晓刚等，2007；Xu et al.，2004）和科学家协作网络（Newman，2001）；二是研究网络的形成机制和网络自身演化的统计规律（Kumar et al.，2010）；三是研究网络上的模型性质，以及网络上的动力学过程等问题（倪顺江，2009；Moreno et al.，2004）。

2）基本量及其含义

（1）度与度分布。节点的度是衡量该节点在网络中重要性的一种简单测度。某个节点 i 的度定义为与该节点相连的邻居节点的数目。在有向网络中，可以进一步将从该节点出发指向邻居节点的边的个数定义为节点的出度，将从邻居节点出发指向该节点的边数定义为该节点的入度。

网络中所有节点度数的平均值称为网络的平均度数。通常，网络的平均度越大表示该网络越稳定。网络的度分布是指网络中所有节点度的概率密度函数。常见的度分布有泊松分布、指数分布和幂律分布等，其代表网络分别为随机网络、小世界网络和无标度网络。

（2）平均最短路径长度。网络中任意两个节点的距离定义为连接这两个节点的最短路径上的边的数目，网络的平均最短路径长度定义为任意两个节点之间距离的平均值。

网络的平均最短路径长度也称为网络的特征路径长度，它描述了网络中节点间的分离程度。显然，网络的特征路径长度越短，物质、能量、信息在网络中从一个节点流动到另一个节点的平均效率越高。

（3）聚集系数。节点的聚集系数定义为其邻居之间实际连接数与邻居之间全连通边数的比值。可见节点的聚集系数反映了该节点邻居节点的互连程度。

网络的聚集系数就是整个网络中所有节点的聚集系数的平均值，它描述了网络中节点的聚集情况，即网络有多紧密。对于完全连接的网络，聚集系数为 1，对于所有节点均为孤立节点的网络，聚集系数为 0。

（4）介数。介数分为边介数和节点介数。节点的介数为网络中所有的最短路径中经过该节点的数量比例，边的介数含义类似。

介数反映了相应的节点或者边在整个网络中的作用和影响力，具有很强的现实意义。例如，在社会关系网络或技术网络中，介数的分布特征反映了不同人员、资源和技术在相应生产关系中的地位，这对于在网络中发现和保护关键资源与技术具有重要意义。

（5）度和聚集系数之间的相关性。网络中度和聚集系数之间的相关性用来描述不同网络结构之间的差异，它包括两个方面：一是不同度数节点之间的相关性；二是节点度分布与其聚集系数之间的相关性。简单来讲，前者指的是网络中与高度数或低度数节点相连接的节点的度数偏向于高还是低；后者指的是高度数节点的聚集系数偏向于高还是低。

（6）典型网络及其统计特性。到目前为止，复杂网络的实证研究涉及生物、技术、信息和社会等多个领域，下面列出部分具有代表性的实际网络及其相应的统计特性。

表 5.3 列出了部分颇具代表性的实际网络及其统计特性（倪顺江，2009），空格表示没有可靠数据，其中第一行各个变量的含义分别为网络的节点数、网络的边数、网络的平均度数、平均路径长度、聚类系数和节点度-度相关系数。

从表 5.3 可以看出，所有这些来自不同领域的实际网络都具有一个共同的特征，即具有较小的平均路径长度和较高的聚类系数，这种特性也称为小世界现象。规则网络虽具有聚集性，平均最短路径却较大；随机图则正好相反，具有小世界性，但聚集系数却相当小。可见规则网络和随机网络并不能很好地展现真实网络的性质，这说明现实世界既不是完全确定的也不是完全随机的。

从表中还可以看出，在社会网络（如演员合作网络、公司董事网络和电子邮箱网络）中节点具有正的度相关性，节点度分布与其聚集系数之间却具有负的相关性；其他类型的网络，如信息网络、技术网络和生物网络则相反。因此，这两种相关性被认为是社会网络区别于其他类型网络的重要特征，在社会网络研究中引起了高度重视（刘涛等，2005；Newman and Park，2003）。

表 5.3　一些实际网络的拓扑统计特性

	网络	N	E	<b	L	C	r
社会	演员合作网络	449913	25516482	113.43	3.48	0.78	0.208
	公司董事网络	253339	496489	3.92	7.57	0.34	0.120
	电子邮箱网络	59912	86300	1.44	4.95	0.16	
信息	万维网	269504	1497135	5.55	11.27	0.29	−0.067
	科学引文网络	783339	6716198	8.57	0	0	0
	单词关联网络	460902	17000000	70.13	0	0.44	
技术	互联网	10697	31992	5.98	3.31	0.39	−0.189
	电网	4941	6594	2.67	18.99	0.080	−0.003
	铁路网	587	19603	66.79	2.16	0.69	−0.033
生物	新陈代谢网络	765	3686	9.64	2.56	0.67	−0.240
	蛋白质相互作用	2115	2240	2.12	6.80	0.071	−0.156
	神经网络	307	2359	7.68	3.97	0.28	−0.226

3）复杂网络经典模型

最简单的网络模型为规则网络，其特点是每个节点的近邻数目都相同，如一维链、二维晶格、完全图等。规则网络虽然具有聚集性，但是其平均最短路径却较大。随机网络由 N 个节点构成的图中以概率 p 随机连接任意两个节点而成，它具有小世界性，但是聚集系数却相当小，仍然不能很好地刻画实际网络的性质，于是人们又相继提出了一些新的网络模型。WS 小世界网络模型和 BA 无标度网络模型的提出开启了复杂网络研究的新局面，它们对复杂网络的实证研究和理论研究都具有深远的意义。

（1）WS 小世界网络模型。大量实证研究表明大多数的真实网络具有小世界特性，即具有较小的最短路径长度和相对较大的聚集系数。规则网络和随机网络并不能很好地展现真实网络的性质，这说明现实世界中的网络既不是完全确定的也不是完全随机的，而应该是介于这两者之间。

为了描述这种从完全规则网络向完全随机网络过渡的中间状态，Watts 和 Strogatz（1998）引入了一个小世界网络模型。该模型在一个完全规则的最近邻耦合网络的基础上，引入了一个随机重连概率 p，将规则网络中的每条边以概率 p 随机连接到网络中的一个新节点上，当 p 的取值从 0 变化到 1 时，网络就会相应地从完全规则网络向完全随机网络过渡，模型的构造过程如图 5.1 所示。

随机重连后的网络既具有较高的聚集系数又具有较短的平均路径长度，从而表现出小世界网络特性。反映到现实的社会网络中，这意味着人们除了认识他们的家人、邻居和同事等，也可能会有少量远在异国他乡的亲人和朋友，从而使得聚集系数较高而同时平均最短路径较短。

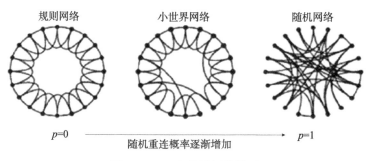

图 5.1　WS 小世界网络模型

WS 小世界网络模型提出后，有很多学者在此基础上作了进一步改进，其中应用最多的是 Newman 和 Park（2003）提出的 NW 小世界网络模型。NW 小世界网络模型不同于 WS 小世界网络模型之处在于它不切断规则网络中的原始边，而是以概率 p 重新连接一对节点。NW 小世界网络模型的优点在于其简化了理论分析，因为 WS 小世界网络模型可能存在孤立节点，但 NW 小世界网络模型不存在这种情况。事实上，当 p 很小而总节点数 N 很大时，这两个模型理论分析的结果是相同的，现在统称为小世界模型。

（2）BA 无标度网络模型。尽管小世界模型能很好地刻画现实世界的小世界性和高聚集性，但对小世界模型的理论分析表明其节点的度分布仍为指数分布形式（Barrat and Weigt，2000）。实证结果却表明对于大多数大规模真实网络用幂律分布来描述它们的度分布更加精确（Albert and Barabási，2002）。由于幂律分布具有无标度特性，故这类网络称为无标度网络。

为解释真实网络中幂律分布的产生机理，Barabási 和 Albert 等于 1999 年提出了一个增长无标度网络模型，即著名的 BA 无标度网络模型。他们认为以前的网络模型没有考虑真实网络的两个重要特性，即增长特性和择优连接特性。增长特性意味着网络中不断有新的节点加入进来，网络的尺度随着时间不断增大。择优连接特性意味着新加入的节点进来后倾向于优先选择网络中度数较大的节点进行连接。BA 无标度网络模型的度分布服从幂律分布的形式。他们不仅给出了 BA 无标度网络模型的生成算法并进行了模拟分析，还利用统计物理中的平均场方法给出了模型的解析解，结果表明：经过充分长时间的演化后，BA 网络的度分布不再随时间变化，且稳定为指数为 3 的幂律分布。

反映在现实世界中，无标度特性意味着网络中有大量的节点具有较小的连接度，但也有少量节点具有很高的连接度，即网络中节点的连接程度是异质的，即不均匀的。

值得注意的是，绝大多数而不是所有的真实网络都是无标度网络。

4）复杂网络攻击脆弱性

（1）静态脆弱性。复杂网络的脆弱性研究是近年来复杂网络方面的研究热点之一。Albert 等（2000）最早对这一问题进行了探讨，通过仿真分析得到了以下重要的研究结论：在随机攻击下，无标度网络表现出很强的鲁棒性；但在针对大度数节点的蓄意攻击下，无标度网络却显得异常脆弱，指出这种双重特性的根源在于无标度网络中度分布的异质性。

这类复杂网络脆弱性的开拓性研究仅基于静态连通性的角度，没有考虑到网络上的动态性过程，即节点或边的移除仅仅存在于拓扑意义上，对其他节点或边的存在与否没有造成任何影响，称为静态脆弱性。

（2）动态脆弱性。现实生活中的许多现象，如大面积的互联网和交通路网拥塞、大规模的电网停电事故等，并不是源自网络上很多节点和边同时发生故障，而是因为一个或少数几个节点或边发生故障，然后通过节点和边之间的耦合关系又引起其他相关节点和边发生故障，从而产生连锁效应，最终导致网络相当一大部分甚至全部崩溃，这种现象称为相继故障，有时也称为级联失效或"雪崩"。

例如，1986 年 10 月，互联网的第一次拥塞崩溃，在仅相隔 200m 的劳伦斯伯克利实验室和加州大学伯克利分校之间的网络，因相继故障导致网络速度下降了100 倍。再如，在一个电力传输网络中，每个节点（电站）都有电力负载。节点的移除，无论随机故障还是蓄意攻击，都会改变流量平衡并导致整个网络上负载的重新分配。这可能导致级联过载失效。2003 年 8 月，美国俄亥俄州克利夫兰市的超高压输电线路相继过载烧断，造成美国历史上最大规模的停电，使得上千万人断电长达 15 小时，经济损失高达数百亿元（丁琳和张嗣瀛，2012）。诸如此类的灾难事件促使研究人员更加关注网络基础设施的脆弱性，称为动态脆弱性。

5）复杂网络级联失效脆弱性

如前所述，级联失效指网络中一个或少量的节点或边发生故障，会引发网络中流量或负载的重新分配，进而引起其他相关联的节点因负载不满足条件而发生失效的过程。下面介绍一个比较经典的复杂网络级联失效模型，即 Motter 和 Lai（2002）提出的负载-容量模型。

对于一个给定的网络，假设在每一个时间步长都有相应的单位量，可以是信息或者能量等，在每两个节点之间交换，并沿着它们之间的最短路径传播。那么节点的负载就是通过该节点的最短路径数目。节点的容量就是节点可以承受的最大负载。在人造网络中，容量受到成本的严格限制。因此，假设节点的容量正比于它的起始负载是自然的。即

$$C_j = (1+\alpha)L_j, \quad j = 1, 2, \cdots, N \tag{5.3}$$

常数 $\alpha \geqslant 0$ 为容忍参数，N 为初始的节点数目。当所有节点都正常工作时，只要 $\alpha \geqslant 0$，网络就以自由流动状态运行。但是，节点的移除通常会造成最短路径的重新分布。然后某个节点的负载可能发生改变。如果负载增大到超过容量，相应的节点就会失效。任何失效都会导致负载的重新分布，进而引发继发的失效。这种逐步的过程就是级联失效。它有可能在几步之后停止也有可能不断传播使得整个网络中相当大的一部分停止工作。

在这里集中关注移除单个节点导致的级联失效。如果一个节点的负载相对较小，那么它的移除不会使得负载平衡发生大的变化，也不太可能发生后继的过载失效。然而，当节点的负载相对较大时，它的移除可能显著地影响其他节点处的负载，而且可能引起后续的过载失效。

得到的结果如下。全局级联失效在以下两种情形下发生：①网络的负载分布高度不均匀；②移除的节点是负载较高的。否则，级联不会发生。负载分布与连接的分布高度相关：拥有不均匀边分布的网络负载分布也是不均匀的，所以平均来说，连接数较多的节点会有较高的负载。这个结果证实了不均匀网络既强健又脆弱的特性。然而级联效应是重要的，因为在这种情形下攻击单个节点可能造成大规模的破坏。虽然拥有更多连接的网络对于级联失效更有抵抗力，但是实际中连接的数目受制于成本。

图 5.2 中方形代表随机选择节点进行移除，星号是选择度数较大的节点，圆形是选择负载较大的节点。α 为容忍参数，G 为最大连通值的相对大小（Motter and Lai，2002）。每条曲线对应五次触发和十次网络实现的平均值。误差棒代表标准偏差。

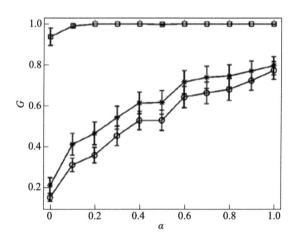

图 5.2 无标度网络中的级联失效

真实网络对节点的随机故障具有相当的抵抗力，但是少数负载异常大的节点的存在有一个让人不安的副作用，这在自然和人造网络中是普遍的：对于单个重要节点的攻击（高负载节点中的一个）可能引发能够使得整个网络几乎完全失效的级联效应。这种情况对网络性能有很大的影响，因为网络的功能依赖于节点之间的有效沟通。例如，如果你不能给任何人打电话，那么电话就难以起到相应的作用。

可见，一次有效的攻击依赖于辨识脆弱性而绝不是随机攻击。社会地理分布使得自然风险不可能是随机的。例如，人群、通信、交通和金融中心拥挤在地震区域，就像太平洋沿岸。自然灾害和蓄意攻击可能对社会依赖的复杂网络造成毁灭性的后果。如果破坏发生在一个或少数能够传播到整个网络的节点上，那么后果将更加严重。在这种意义上，基于级联失效的攻击比以往所有攻击策略都更具破坏性。

2. 物理脆弱性分析案例研究

本小节基于复杂网络方法的燃气管网脆弱性分析方法，实现对某市燃气主干网的物理脆弱性分析。

1）现有数据及其拓扑结构

现有某市实际管网数据包括两部分：①城市燃气管网多级结构图；②主要调压站的位置及某时刻的监测数据。

依据上述数据，在 ArcGIS 中对某市燃气管网进行网络分析，提取其拓扑结构。总共生成了 345 个节点，405 条线，如图 5.3 所示。

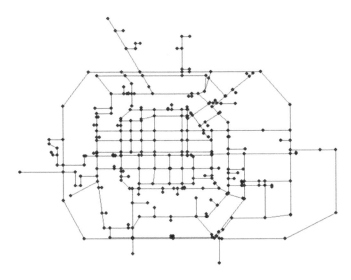

图 5.3　某市燃气管网拓扑结构图

2）基本统计特性分析

节点的度是衡量该节点在网络中重要性的一种简单测度。某个节点 i 的度定义为与该节点相连的邻居节点的数目。图 5.4 是某市燃气主干网节点度分布直方图。从图中可见该市燃气管网度分布较为均匀，各种度数的节点比例较为协调。

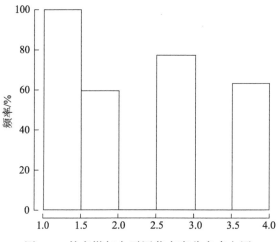

图 5.4　某市燃气主干网节点度分布直方图

图 5.5、图 5.6 是某市燃气主干网的介数分布。可以看出，该市燃气主干网的节点介数和边介数分布均类似于指数分布，介数越大的节点和边数目越少。结合该市燃气主干网的布局特点，可以看出这种分布模式是该市燃气管网外部成环内部成网的建设思路。这也可以解释前面该网络较为均匀的度分布。对于外围环状管网，节点的度和介数、边的介数一般比较小，但是对于内层网状管网，节点的度数一般为较大的 4，节点介数和边介数也较大。因为这些网状管网存在于整个网络的中心，自然有更大的可能性存在于网络中的最短路径上。

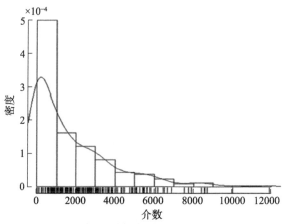

图 5.5　某市燃气主干网节点介数分布

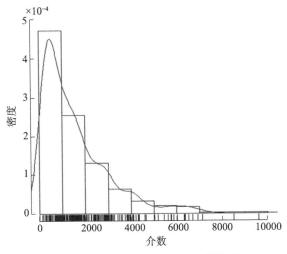

图 5.6　某市燃气主干网边介数分布

值得注意的是，现有网络的分类均以度分布为依据，如泊松分布、指数分布和幂律分布对应的代表网络分别为随机网络、小世界网络和无标度网络。尚未见到对于介数分布满足指数分布或幂律分布的网络分类方法，这也许是复杂网络理论中值得进一步研究的课题，其实际意义也需要更多的实证研究来证实。

3）节点脆弱性

下面采用如图 5.7 所示的一个规模较小的算例来说明级联失效情景下的燃气管网节点脆弱性分析方法。

上述算例的拓扑结构如图 5.8 所示。

采用 Crucitti 等（2004）提出的负载-容量模型。每个节点有两个属性，即负载 L 和容量 C。并假设节点的容量是其初始负载的 β 倍，即

$$C_i = \beta L_i(0), i = 1, 2, \cdots, N \tag{5.4}$$

显然 β 为节点能力的冗余，β 过小将导致网络极其脆弱，现实生活中 β 的大小主要取决于对风险与成本的综合考虑。

将节点的脆弱性定义为该节点发生故障后引起的网络整体效率的下降。为此，先定义网络的总体效率。假设节点之间通过连接它们的最短路径进行联系，则网络的总体效率可以定义如下：

$$E(G) = \frac{1}{N(N-1)} \sum_{i \neq j} e_{ij} \tag{5.5}$$

其中，e_{ij} 为相应最短路径长度 d_{ij} 的倒数，N 为网络的总节点数，即节点之间相互连接的最短路径长度越短则越高。注意，最短路径长度的计算需要考虑边的权重。所有边的起始权值均为 1。

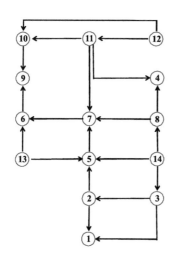

图 5.7　简单燃气管网示意图　　　　图 5.8　算例拓扑结构

过载的节点不会被从网络中隔离出去，但是在过载节点附近阻力增大，导致最终节点之间的联系会不同程度地绕开过载节点。即在每个时间步内，当节点 i 发生过载时，将与其相连的所有边的权值按照式（5.6）进行更新：

$$\alpha_{ij}(t+1) = \begin{cases} \alpha_{ij}(0)\dfrac{C_i}{L_i(t)}, & L_i(t) > C_i \\ \alpha_{ij}(0), & L_i(t) \leqslant C_i \end{cases} \qquad (5.6)$$

可见过载程度越高，周围管段效率下降越多，对网络整体的流量分布影响越大，即可能造成更严重的级联效应。

具体计算流程如下。

（1）初始化相关参数，其中节点的初始负载取其介数。

（2）假设某一节点发生某种程度的过载。

（3）更新该节点周围所有相连边的权值。

（4）重新计算所有节点的负载，即介数，与各节点的容量比较，若无过载发生则结束，计算网络总体效率的下降，记录节点脆弱性数值；若有过载现象出现，则返回步骤（3）。

按照上述负载-容量模型，得到该算例各个节点的脆弱性数值如表 5.4 所示。

表 5.4　简单算例的节点脆弱性计算结果

节点	1	2	3	4	5	6	7
效率下降	0	0.08835	0.07344	0.01812	0.08272	0.07024	0.1861
节点	8	9	10	11	12	13	14
效率下降	0.04909	0.01016	0.01277	0.14861	0	0.009200	0.1044

计算过程中，冗余系数 $\alpha = 1.2$，触发事件为使得某节点容量下降到初始容量的 50%。

据此得到的节点脆弱性排序从低到高为：1—12—13—9—10—4—8—6—3—5—2—14—11—7。

另外，值得注意的是，该模型在级联失效演化过程中有许多有趣的现象，如图 5.9 所示的网络效率先剧烈振荡然后趋于一个较低的稳定值的现象。

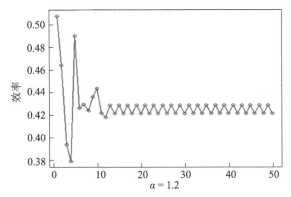

图 5.9　节点 5 引发级联失效过程中网络总体效率的变化情况

至于最终稳定于等幅度的振荡状态，其原因也容易理解。因为在边的权值更新中依据的是起始权值，而不是上一时刻的权重，所以某些恰当布局的节点之间可能会不断转移、交换流量，从而使得网络的整体效率有轻微的波动。关于这一现象的进一步理解、分析和应用还需进行后续研究，可以想象，网络的拓扑布局对燃气管网稳定供气起重要作用。在边权更新中采用上一时刻的权重，得到的一个算例如图 5.10 所示。

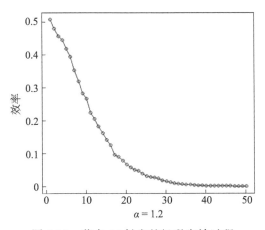

图 5.10　节点 14 触发的级联失效过程

可见图 5.9 最终出现的稳定振荡现象的确是该权值更新策略的结果。

大多数研究计算的是单一破坏程度（如某个确定的节点容量下降百分比）下网络效率与网络节点失效比例的关系，而没能给出网络脆弱性的"稳定"分布。图 5.11 展示了容量负载模型在不同触发条件下的计算结果，从图中可以看出，对于同一个节点，级联失效后果随节点容量下降百分比的变化并不是单调的，这与破坏越严重后果越严重的常识不符，说明由于级联失效现象的存在，网络效率的破坏产生了某种复杂性。对于该算例来说，各个节点的总体趋势仍是初始破坏越严重网络效率下降越多。

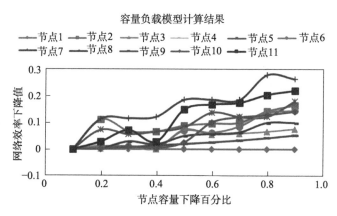

图 5.11　容量负载模型在不同触发条件下的计算结果

由上述分析可知，采用单一破坏程度导致的网络效率下降作为节点的脆弱性指标代表性较差，得到的结果依赖于初始触发条件的具体设定，不利于得出网络中脆弱性的分布。为此，采用同一节点在不同破坏程度下的效率下降值的求和作为节点的脆弱性数值，数值越大表示该网络在这一点越脆弱，受到攻击后后果越严重。

采用上述计算方法和脆弱性指标，得到的该管网脆弱性分布图如图 5.12 所示。网络在节点 2、5、7、11，节点 3、6、8、10，节点 1、4、9 的脆弱性依次降低。

容易看出，该方法得出的脆弱性和节点的度有较强的相关性。从容量负载模型的计算过程不难理解，度较大的节点发生失效时影响到的边较多，因此更有可能对网络的负载分布产生更大的干扰，从而导致更为严重的级联失效后果。

4）管段脆弱性

对于单一基础设施的边级联失效脆弱性，虽然也有类似上述负载-容量模型的分析方法，但并没有采用。原因有二：一是该方法本身理论价值大于实际价值。相对于上述节点级联脆弱性的分析，边的级联失效分析过程较为复杂，而且一般需要人为指定边的初始负荷和某边失效后其流量在相邻边中的重新分配份额，具有较大的随意性，不适合作为应用示范。二是我们掌握的某市燃气管网数据有限，只有拓扑结构是可用信息，而没有管网内的水力工况信息和管长、管径等属性数据，因此在该管网上应用较为复杂的模型进行脆弱性分析比较困难。

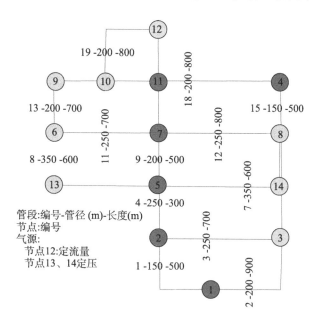

图 5.12　节点脆弱性分布图

因此，采用较为简单的方法，直接依据管段的介数进行管段脆弱性的评估。由图 5.6 可知，该市燃气主干网管段介数分布不均匀，可能存在某些关键的管段。但是由于没有考虑水力工况，计算结果只在拓扑脆弱性层面有实际意义。

得到的管段物理脆弱性图谱如图 5.13 所示，级别越高表示越脆弱。

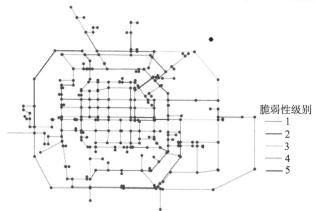

图 5.13　某市燃气主干网管段物理脆弱性图谱

某市燃气主干网各脆弱性级别管段数目（等间隔分组法）如表 5.5 所示。

表 5.5　某市燃气主干网各脆弱性级别管段数目（等间隔分组法）

脆弱级别	1	2	3	4	5	总计
管段数目	249	99	36	11	10	405

3. 综合脆弱性分析案例研究

综合考虑城市基础设施的物理脆弱性和社会脆弱性在公共安全科学领域有着极为重要的意义。在基于复杂网络方法的物理脆弱性和基于改进的层次分析方法的社会脆弱性分析的基础上，将上述两种脆弱性按照区域进行叠加，得出反映区域燃气管网综合脆弱性的分析结果。

区域内燃气管网物理脆弱性的计算方法为按照各管段的体积进行加权求和，这里使用区域内管段的长度作为权重，将加权和作为区域物理脆弱性，如下：

$$F_k = \sum_{j \in \text{grid\_}k} \omega_j E_j \tag{5.7}$$

其中，F_k 为网格 k 的脆弱性数值；ω_j 为第 j 个节点或管段的权重，如体积。

综合脆弱性的计算方法如下：

$$R_k = \sum_{j \in \text{grid\_}k} \omega_j E_j + V_k G_k \tag{5.8}$$

其中，G_k 为网格 k 内的社会脆弱性值；V_k 为网格 k 社会脆弱性的权重。

据此能够得到燃气管网区域物理、社会与综合脆弱性（取值范围：0.00～5.00），可知管网区域物理脆弱性在城市外围较低，向城市中心呈聚拢状增长，最大可达4.13；区域社会脆弱性与区域物理脆弱性变化相反，越靠近城市外围则社会脆弱性越高，最高可达 0.30；燃气管网区域综合脆弱性与物理脆弱性变化相似，在城市中心区域较高，可达 3.97。

5.2.2　基于水力计算的燃气管网脆弱性分析

基于水力计算的燃气管网脆弱性分析流程如图 5.14 所示。首先按照节点法水力计算的要求初始化各节点的总流量，然后运行节点法水力计算，并记录各节点的压力值。对于任意一个节点，等间隔地增大其总流量，然后分别运行水力计算程序，从而得到各节点压力随该节点流量的变化曲线，由此曲线进行流量修正后方可得出该节点的脆弱性。对所有节点重复这个过程便可得到管网的脆弱性分布。

1. 水力计算理论与脆弱性分析方法

1）节点法水力计算原理

（1）连接矩阵。连接矩阵既包含了网络中各节点的拓扑连接情况，也包含了对管段中流量方向的初始假定，即计算出的负流量表示管段的实际流向与原假定流向相反。连接矩阵 A 的具体定义如下：

$$A(i,j) = \begin{cases} 1, & \text{节点 } i \text{ 是管段 } j \text{ 的终点} \\ -1, & \text{节点 } i \text{ 是管段 } j \text{ 的起点} \\ 0, & \text{节点 } i \text{ 不是管段 } j \text{ 的端点} \end{cases} \quad (5.9)$$

有了连接矩阵，依据流体流动的连续性方程，就可以得到第一个方程：

$$AQ = q \quad (5.10)$$

其中，Q 为管段流量列向量，q 为节点流量列向量。

依据管段压降等于两端节点的压强差，得到第二个方程：

$$A^{\mathrm{T}} p = \Delta P \quad (5.11)$$

其中，p 为节点相对压强列向量，ΔP 为管段压降列向量。

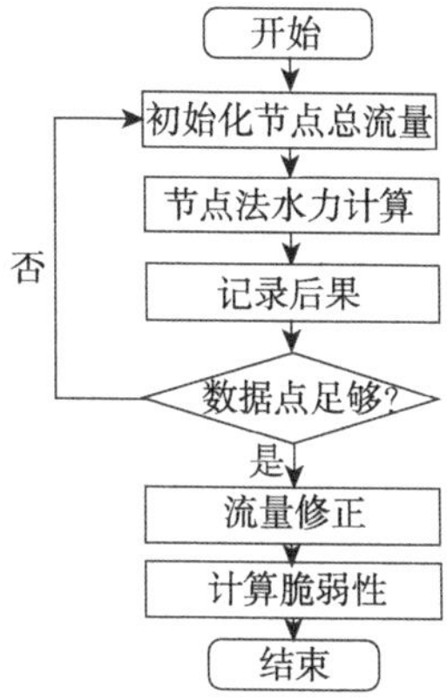

（2）导纳矩阵。依据城镇燃气设计规范，低压燃气管网单位长度摩擦阻力计算的公式如下：

$$\frac{\Delta P}{l} = 6.26 \times 10^7 \lambda \frac{Q^2}{d^5} \rho \frac{T}{T_0} \quad (5.12)$$

其中，λ 为燃气管道的摩擦阻力系数，其计算公式在后面给出；Q 为管段流量，m^3/h；d 为管道的内径，mm；ρ 为燃气密度，$\mathrm{kg/m}^3$；T 为设计温度，K；T_0 取 273.15 K；l 为管段的长度，m。

λ 的计算方法与燃气在管道内的运动状态有关，计算公式如下。

当雷诺数 $Re \leqslant 2100$ 时，燃气处于层流状态，摩阻系数：

$$\lambda = \frac{64}{Re} \quad (5.13)$$

当雷诺数 $2100 < Re \leqslant 3500$ 时，摩阻系数：

$$\lambda = \frac{Re - 2100}{65Re - 10^5} \quad (5.14)$$

当雷诺数 $3500 < Re$ 时，摩阻系数：

$$\lambda_{\text{钢管}} = 0.11\left(\frac{K}{d} + \frac{68}{Re}\right)^{0.25} \quad (5.15)$$

$$\lambda_{\text{铸管}} = 0.102236\left(\frac{1}{d} + 5158\frac{dv}{Q}\right)^{0.284} \quad (5.16)$$

图 5.14　基于水力计算的脆弱性分析流程图

其中，v 为燃气的运动黏度，取 25×10^{-6} m^2/s；K 为管道内壁的表面粗糙度，取 0.1 mm。

从上述摩擦阻力计算公式可以看出，管段压降列向量可以写为

$$\Delta P = SQ^n = S|Q|^{n-1}Q \tag{5.17}$$

令 $S' = S|Q|^{n-1}$，则可以将管段压降与管段流量的关系线性化为

$$\Delta P = S'Q \tag{5.18}$$

设 G 为 S' 的逆矩阵，那么得到第三个方程：

$$Q = G\Delta P \tag{5.19}$$

结合上述的第一个和第二个方程，得

$$AGA'p = q \tag{5.20}$$

令 $Y = AGA'$，称为导纳矩阵，则有

$$Yp = q \tag{5.21}$$

2）计算过程

考虑最一般的情况，即管网中既有定压气源也有定流量气源。具体计算流程如下。

（1）生成连接矩阵 A。这一步包含了对各节点和管段的编号工作以及对管段流向的初始假定，然后需要选定基准气源节点，并将该节点所在的行移动到连接矩阵的最后一行，将其他所有定压气源节点也移动到连接矩阵 A 的最下面几行。

（2）读入数据。读入各节点流量向量 q，管段直径向量 d，管段长度向量 l，并随意给一个管段初始流量向量 Q。其中定流量气源的节点流量初始化为负值即可当作一般节点参与水力计算。

（3）计算导纳矩阵 Y。按照摩擦阻力系数的计算公式，依据雷诺数求出 λ，进而求出 S' 和 G，然后利用公式 $Y = AGA'$ 求出 Y。

（4）压力修正。对于所有与定压气源相连的节点，在进行水力计算之前需要修正其节点流量，修正公式为

$$q_{i,\text{new}} = q_{i,\text{old}} + g_{ik} \times (p_{\text{基准}} - p_i) \tag{5.22}$$

其中，$q_{i,\text{new}}$ 为修正后的节点流量，$q_{i,\text{old}}$ 为修正前的节点流量，g_{ik} 为该节点与定压气源 k 相连的管段的导纳。

（5）利用方程 $Yp = q$ 计算出节点的相对压力向量 p。

（6）利用方程 $A^{\text{T}}p = \Delta P$ 计算出管段的压降向量 ΔP。

（7）利用方程 $Q = G\Delta P$ 计算出管段流量向量 Q。

（8）检查管段流量向量 Q 的计算精度，如果满足要求，则停止计算，否则回

到步骤 3，直到满足计算精度的要求。

可以看到，上述迭代计算流程计算的只是一种工况，即一组节点流量。为了获得所有节点的脆弱性，需要多次重复上述流程，每次只改变一个节点的初始流量值。

3）泄漏流量修正

水力计算方法本质上是一种稳态仿真方法，因此上述作为计算输入值的节点流量指的都是稳态情形下节点的总流量，节点的总流量 $q_{i,\text{total}}$ 为用户使用的流量 $q_{i,\text{user}}$ 和节点泄漏的流量 $q_{i,\text{leak}}$ 之和。在没有用户流量监测数据的情况下，可以采用如下的流量修正模型来从总流量中分离出泄漏流量。

首先对于节点的总流量，有

$$q_{i,\text{total}} = \begin{cases} 0, & p_i \leqslant p_{i,\min} \\ q_{i,\text{total}}^0, & p_{i,\min} < p_i < p_{i,\max} \\ 0, & p_i \geqslant p_{i,\max} \end{cases} \qquad (5.23)$$

即当节点压力过低或过高时，节点的总流量会自动关闭。当节点压力适中时，节点的总流量是一个人为指定的变量 $q_{i,\text{total}}^0$，即水力计算程序的输入。

对于用户流量，则按照式（5.24）进行修正：

$$q_{i,\text{user}} = \begin{cases} 0, & p_i \leqslant p_{i,\min} \mid p_i \geqslant p_{i,\max} \\ q_{i,\text{user}}^0 \sqrt{\dfrac{p_i - p_{i,\min}}{p_{i,\text{user}} - p_{i,\min}}}, & p_{i,\min} < p_i \leqslant p_{i,\text{user}} \\ q_{i,\text{user}}^0, & p_{i,\text{user}} < p_i < p_{i,\max} \end{cases} \qquad (5.24)$$

即当节点压力过高或过低时，由于节点总流量自动关闭了，节点的用户流量也为 0。当节点的压力高于能够提供正常服务的最低压力时，用户的需求完全被满足。当节点的压力低于这个服务压力而高于最小运行压力时，用户的需求得到部分满足，实际用户流量要小于用户的需求。

最后，用修正过的节点总流量和修正过的用户流量就可以计算出泄漏流量，这就完成了泄漏流量的修正。

4）考虑泄漏流量的脆弱性指标

前面提到，现有采用水力计算方法分析燃气管网管内风险的研究没有考虑失效情形下对用户实际流量的修正，而且只分析了一种泄漏工况下的后果。下面依据实际计算结果提出一个更有代表性的脆弱性指标。

首先看一下计算结果，图 5.15 是考虑了总流量修正的流量压力图，它反映了网络中其他节点压力随节点 1 总流量的变化关系。

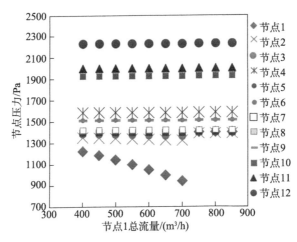

图 5.15　网络中其他节点压力随节点 1 总流量的变化关系图，管网同图 5.6

　　可以看出，节点 1 泄漏对自身的压力影响最大，对其他节点几乎无影响。引入节点总流量的修正后，流量压力曲线变为两段：下降段描述节点 1 泄漏导致相关节点压力下降，后面一段节点压力低于阈值后流量被关闭，相关节点压力上升并到达一个稳定值。脆弱性分析使用的是前面这一段。由于希望脆弱性数值能够反映泄漏后果的严重程度，在计算脆弱性之前首先要进行泄漏流量修正，如图 5.16 所示。

　　大量观察这些流量压力图发现，节点压力的下降和流量的增加呈线性的规律，因此对流量压力图进行线性拟合，用直线的斜率绝对值之和作为节点的脆弱性数值。以图 5.16 为例，如果只考虑节点 4 对节点 10 和节点 11 的影响，节点 4 的脆弱性数值为 0.2053 + 0.1888 = 0.3941。这样定义的脆弱性指标反映的是节点单位流量泄漏带来的后果严重程度。

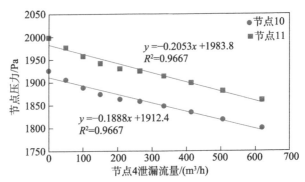

图 5.16　节点 10 和节点 11 压力随节点 4 泄漏流量的变化关系图

　　比较一下修正泄漏流量和不修正泄漏流量的结果，如图 5.17 所示。

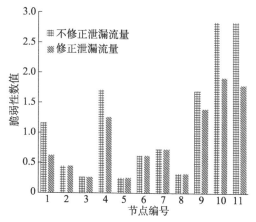

图 5.17　泄漏流量修正对节点脆弱性的影响

可以看到泄漏流量修正对那些脆弱性比较大的节点影响较大，而且它改变了部分节点的脆弱性排序。

依据水力计算原理，当管段上有集中负荷时，需要将该集中负荷分摊到管段的两个端点上，分摊比例与该负荷和节点的距离成反比，即离得越近的节点分得的流量越大。管段的泄漏可以看作在管段上增加了新的集中负荷，将它分配给两个端点后即可用上述求节点脆弱性的方法得到管段脆弱性数值。为了得到具有均值意义的脆弱性，假设管段的泄漏发生在管段的中点。

2. 算例研究

选取某城市区域，进行基于水力计算方法的物理脆弱性分析。

1）现有数据及其拓扑结构

采用的实例管网拓扑结构如图 5.18 所示，图中颜色由深至浅分别表示设计压力为低压、中压、高压。

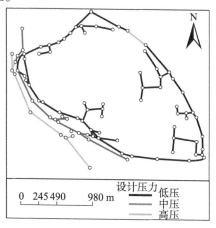

图 5.18　实例管网拓扑结构

现有的数据包括管网的拓扑结构、各节点和管段的地理位置、管段的长度、材料和直径。

2）气源假定与计算

由于节点用气信息不易获得，这里假定各节点的用气量是均匀的，然后研究不同气源位置对管网脆弱性分布的影响。

（1）气源假定 1。圆圈内的节点表示定压气源节点，得到的管段压强分布如图 5.19 所示。

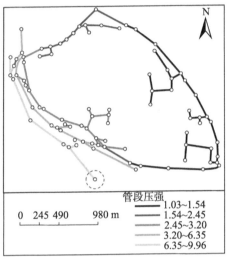

图 5.19　管段压强分布图（气源假定 1）

管段流量分布如图 5.20 所示。

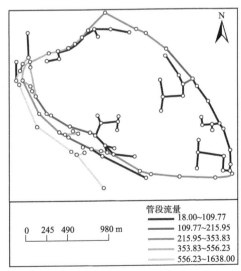

图 5.20　管段流量分布图（气源假定 1）

管段脆弱性分布如图 5.21 所示。

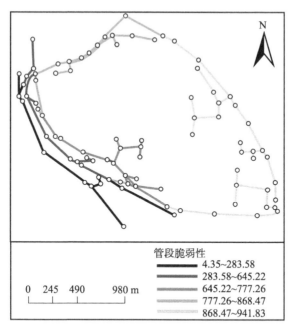

图 5.21　管段脆弱性分布图（气源假定 1）

（2）气源假定 2。圆圈内的节点表示定压气源节点，得到的管段压强分布如图 5.22 所示。

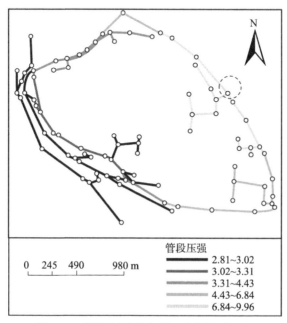

图 5.22　管段压强分布图（气源假定 2）

管段脆弱性分布如图 5.23 所示。

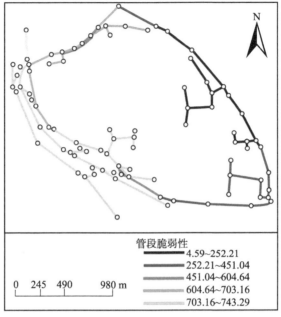

图 5.23　管段脆弱性分布图（气源假定 2）

3）脆弱性分析

从管段压强分布图（图 5.19 和图 5.22）可以看出，离定压气源越远的管段压强越低。管段流量分布图（图 5.20）没有明显的规律，因为管段的流量和网络复杂的拓扑结构密切相关，不存在类似压强分布这种随"距离"增大而降低的简单规律。从管段脆弱性分布图（图 5.21 和图 5.23）可以发现，脆弱性随着与气源的距离增大而增大。这源自在水力计算方法中对脆弱性的定义，该脆弱性指标反映的是节点发生单位流量泄漏所造成的其他所有节点压力降低的大小。这样就不难理解离气源越远脆弱性越大，因为越是下游的节点，当它发生泄漏时，这部分流量经过的管段越多，每个管段的压降都会变大，从而导致整个网络中的压力损失越大。可以用以下的简单计算模型（图 5.24）做一个分析。

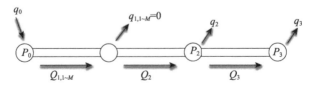

图 5.24　简单计算模型

如图 5.24 所示，0 号节点是定压气源，2 号和 3 号节点是用气节点，在 2 号节点之前有 M 个节点。简单起见，只考虑 2 号和 3 号节点具有节点流量，并假设各管段摩阻系数相同且为常数 S。依据连续性方程：

$$Q_2 = q_2 + q_3 \tag{5.25}$$

$$Q_3 = q_3 \tag{5.26}$$

依据燃气管网摩擦阻力损失的计算公式：

$$P_{1,i} = P_0 - i \times SQ_2^2, \quad i = 1, 2, \cdots, M \tag{5.27}$$

$$P_2 = P_{1,M} - SQ_2^2 \tag{5.28}$$

$$P_3 = P_2 - SQ_3^2 \tag{5.29}$$

记

$$P = \sum_{i=1}^{M} P_{1,i} + P_2 + P_3 \tag{5.30}$$

得到

$$P = 2P_0 + MP_0 - q_3^2 S - 2(q_2 + q_3)^2 S - 2M(q_2 + q_3)^2 S - \frac{1}{2}(-1+M)M(q_2 + q_3)^2 S \tag{5.31}$$

于是

$$\frac{\partial P}{\partial q_3} - \frac{\partial P}{\partial q_2} = -2Sq_3 \tag{5.32}$$

可见，当 q_2 和 q_3 有相同的增量时，$\dfrac{\partial P}{\partial q_3} < \dfrac{\partial P}{\partial q_2}$，又注意到

$$\begin{cases} \dfrac{\partial P}{\partial q_2} < 0 \\[2mm] \dfrac{\partial P}{\partial q_3} < 0 \end{cases} \tag{5.33}$$

故 q_3 对总压强 P 的影响更大。这就证明了距离定压气源越远，在相同泄漏流量下后果越严重。

以上脆弱性分布采用的指标反映的是相同泄漏流量下的不同后果，称作单位泄漏脆弱性，很容易应用于知道某处泄漏流量后对整个网络的功能损失的估算。

在这里探讨一种新的脆弱性指标。在相同孔径大小的情况下，泄漏流量通常正比于该处的燃气压力，据此，将上述脆弱性指标用泄漏点压强进行修正，对于两种气源假定，得到的修正脆弱性分布图如图 5.25 所示。

通过图 5.25 和图 5.26 可以看到，最接近气源的地方修正脆弱性是最小的，直观上，这是压强和单位泄漏脆弱性这两个量的涨落相互制约的结果。下面对图 5.25 对应的结果作进一步定量分析如下。

图 5.27 各管段按照压强递减排序，发现对应的单位泄漏脆弱性是单调增加的，而修正脆弱性指标是这两者的乘积。一个单调下降，一个单调增加，导致乘积形

成了一个单峰的分布。在最接近气源的地方（压强最高的地方），由于单位泄漏脆弱性实在太小，最终计算出的修正脆弱性是最小的。

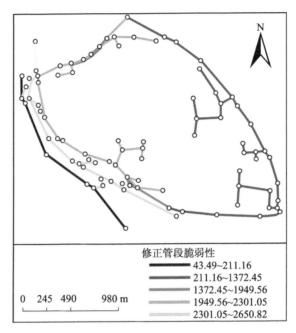

图 5.25　气源假定 1 在新指标下的修正脆弱性分布图

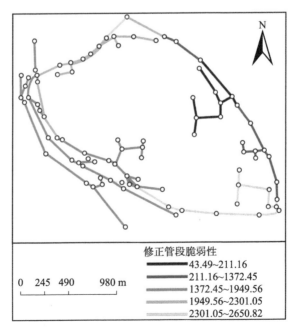

图 5.26　气源假定 2 在新指标下的修正脆弱性分布图

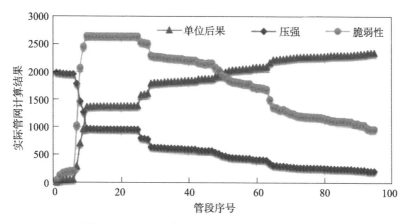

图 5.27　压强、单位泄漏脆弱性、修正脆弱性

同样采用图 5.25 的简单计算模型，可以对上述现象进行一个理论分析。

修正脆弱性指标对应的量不再是 $\dfrac{\partial P}{\partial q_2}$ 和 $\dfrac{\partial P}{\partial q_3}$，而是 $P_2\dfrac{\partial P}{\partial q_2}$ 和 $P_3\dfrac{\partial P}{\partial q_3}$。

由前述各式，得到

$$P_3\frac{\partial P}{\partial q_3}-P_2\frac{\partial P}{\partial q_2}=q_3 S(-2P_0+(2(1+M)q_2^2+(8+7M+M^2)q_2 q_3$$
$$+(8+5M+M^2)q_3^2)S) \tag{5.34}$$

当 M 较大，即距离定压气源较"远"时，

$$P_2\frac{\partial P}{\partial q_2}>P_3\frac{\partial P}{\partial q_3}$$

又由于

$$\begin{cases} P_2\dfrac{\partial P}{\partial q_2}<0 \\[2mm] P_3\dfrac{\partial P}{\partial q_3}<0 \end{cases} \tag{5.35}$$

得到 2 号节点影响较大。

当 M 较小，即距离定压气源较"近"时，得到 3 号节点影响较大。

通过这个简单模型的计算，就得到了一个随着与气源"距离"先增大后减小的脆弱性分布，与模拟的结果一致。

可以看出管网的脆弱性分布既依赖于具体流量的分布，也依赖于选择的脆弱性指标。不同的脆弱性指标有其各自的含义与用途，在实际应用中需要依据需求进行选择。

5.3 城市生命线系统多方式监测与反演预警
——以城市燃气管网为例

5.3.1 城市燃气管网多方式监测及反演预警研究背景

地下管线深埋于地下，对其进行日常管理和运行维护较为困难，由于管道占压、腐蚀、老化、施工缺陷、第三方破坏、操作不当、管理不善、环境因素等易致使管道产生破损泄漏，给燃气管道系统的安全运行带来严重危害。地下管道的早期破损泄漏往往不能被及时察觉，直到损坏达到一定程度，突然引发事故，造成严重后果。

目前，国内外有很多方法对油气输送管道进行泄漏检测。根据检测媒介的不同可分为直接检测法和间接检测法。直接检测法指对泄漏物直接进行检测，此法主要包括人工巡线法、声学法、化学法、应力法、漏磁法和机器人法等，其主要特征是借助人的视觉或各种特殊传感装置直接感知管道泄漏的存在，有时也称为硬件检测法。间接检测法是利用数据采集系统提供的管道的管内压力、流量、温度等数据，进行计算分析来检测管道泄漏的方法。因为检测的结果是通过计算分析得来而不是直接检测出来的，故也称为间接推理法或基于软件的检测方法，如质量平衡法、压力波分析法、实时模型法、统计检漏法等。

1. 直接观察法

直接观察法是依靠有经验的管道工人或经过训练的动物巡查管道。通过看、闻、听或其他方式来判断是否有泄漏发生。近年来，美国 OILTON 公司开发出一种机载红外检测技术。由直升机带一高精度红外摄像机沿管道飞行，通过分析输送物质与周围土壤的细微温差确定管道是否泄漏。利用光谱分析可检测出较小泄漏位置。直接观察法可用于长管道、微小泄漏的检测，其缺点是对管道的埋设深度有一定的限制。据有关资料介绍，当直升机的飞行高度为 300 m 时，管道的埋设深度应当在 6 m 之内。

2. 管内智能爬机

爬机在管道工业中广泛使用，如果配置各种传感器，就能组成智能爬机检测系统。目前利用爬机可以检测管内的压力、流量、温度以及管壁的完好程度。爬机分为两类：超声波检测器和漏磁通检测器。应用较多的是漏磁通检测器，即将爬机放入管内，它就会在流体的推动下运动到下游，同时收集有关管内流动和管壁完好程度的信息。对记录在爬机内的数据进行处理后，可以得到很多信息，同时也可以判断管道是否泄漏。国外此项技术已经比较成熟，应用于各种管道当中。

它不仅可以用于泄漏检测，还可以作为综合型的管道检测系统。但是爬机只适用于弯头和联接处较少的管道，且需要由经验丰富的技术人员来操作。

3. 探测球法

基于磁通、超声、涡流、录像等技术的探测球法是 20 世纪 80 年代末期发展起来的技术，将探测球沿管线内进行探测，利用超声技术或漏磁技术采集大量数据，并将探测所得数据存在内置的专用数据存储器中进行事后分析，以判断管道是否被腐蚀、穿孔等，即是否有泄漏点。该方法检测准确，精度较高，缺点是探测只能间断进行，易发生堵塞、停运的事故，而且造价较高。

4. 光纤检漏法

光纤检漏法包括准分布式光纤检漏、多光纤探头遥测法、塑料包覆石英（plastic clad silica，PCS）光纤传感器检漏、光纤温度传感器检漏。其中，准分布式光纤进行漏油检测的技术已比较成熟。据报道，NEC 公司（Nippon electronic company，日本电气公司）已研制出能在 10 km 管道长度范围内进行漏油检测的传感器，它对水不敏感，可在易燃易爆和高压环境中使用。传感器的核心部件由棱镜、光发与光收装置构成，当棱镜底面接触不同种类的液体时，光线在棱镜中的传输损耗不同。因此，可根据光探测器接收的光强来确定管道是否泄漏。这种传感器的缺点是当油接触不到棱镜时会发生漏检的现象。

5. TDLAS 高精准气体泄漏监测技术

基于可调谐半导体激光吸收光谱（tunable diode laser absorption spectroscopy，TDLAS）技术，实现燃气泄漏的高精准实时监测。TDLAS 技术的测量精度高，检测下限极低，可以达到 10^{-6} 甚至 10^{-9} 级别，即使是微量的甲烷气体（天然气的主要成分）泄漏，TDLAS 也可以检测到。目前主要有车载式、固定式和便携式三种形式。由于 TDLAS 测量速度快，车载式激光甲烷传感器可以安装在行驶中的汽车上，配合 GPS 及无线传输功能，将测量的燃气浓度信息、位置实时传送至中控室，实现城镇燃气管网泄漏的大面积高效快速巡检及高精度泄漏溯源定位。固定式激光甲烷传感器可以安装在住宅小区的特定位置，实现住宅小区的燃气泄漏的实时监测。便携式激光甲烷传感器可配备给城市管网巡检员以及维修人员，实现燃气泄漏的快速检测。

6. 声波技术测定流量检漏

通常，管道内液体发生泄漏的瞬间，管道内的压力平衡被破坏，造成系统流体弹性压力的释放，引起瞬间声波震荡。该声波以流体本身的声速，由泄漏点通过流体引导，沿着管壁向两侧扩散，在管道内形成声场。泄漏产生的声波具有较宽的频谱，分布在 6～80kHz。声波法是将泄漏时产生的噪声作为信号源，由声波传感器采集该信号，从而确定泄漏位置和泄漏程度。

7. 基于 SCADA 系统法

SCADA 系统（supervisory control and data acquisition system，监控和数据采集系统）利用计算机技术收集现场数据，通过通信网传送到监控中心，在监控中心监视各地的运行情况，并发出指令对运行状况进行控制。远程终端装置（remote terminal unit，RTU）将采集的流量、压力、温度等参数传递给监控中心，对管道的运行状况进行实时监控。当检漏软件检测到泄漏时，给出报警信号；泄漏严重时，监控可发送指令关闭泵阀；SCADA 系统可准确掌握现场情况，及时灵活地调度控制生产，优化运行获得较好的经济效益；可及时发现、处理故障，确保管输安全；可为管理及时提供可靠数据，装备 SCADA 系统是实行管道自动化的必由之路。

由上可知，目前各种管线泄漏检测技术主要用于原油、成品油和天然气长输管道的泄漏检测，这些管线基本单独铺设，管线支路少，管线周围情况简单、干扰少。与之相反，城镇生命线系统多埋于地下，地下管线具有隐蔽性，管线周围往往情况复杂，各种管线多有交织，而且管线支路繁多。

因此，急需研发基于多种方式的相对简便的高精度管道泄漏检测、监测和预警设备，并研究反演定位技术，快速准确判断泄漏位置，实现对生命线系统状态的早期监测，建立运行安全异常识别和态势预测，并对可能发生的事故危害做出早期预警，为采取控制措施争取时间，确保安全运行。

5.3.2 城市燃气管网多方式监测与反演预警研究

1. 地上地下多方式多尺度动态监测技术

地上地下、固定移动多方式多尺度动态监测装备主要包括基于可调谐激光吸收光谱技术的地上车载式高精准气体泄漏监测技术和装备，以及基于 NDIR 原理的分布式地下燃气管线泄漏监测设备。

1）基于 TDLAS 的气体泄漏监测技术和装备

TDLAS 技术是目前世界上最先进的光学气体测量技术之一，与传统测量技术相比，可调谐半导体激光吸收光谱技术具有高选择性、高灵敏度、实时快速等诸多优点。

TDLAS 的基本原理是朗伯-比尔（Lambert-Beer）定律。当入射激光通过一定长度的吸收样品时，特定波长的光强会由于样品的吸收而减弱，通过测量透射光强随波长的变化曲线就可以得到被测样品的吸收光谱线型，从而计算出被测气体的浓度。

　　车载式激光甲烷传感器适合安装在各种类型的车辆（公交车、出租车、快递车辆等）上，响应速度快、可在正常车速行驶下（50km/h）完成测量，不受车辆行进过程中路面颠簸、尘土、震动等因素干扰，可以准确测量行驶路面附近甲烷的浓度值；可同时配备 GPS 及无线传输功能，组成传感器网络；可将测量的甲烷浓度信息、位置实时传送至中控室。基于物联网与激光传感技术的城市燃气管网监测系统如图 5.28 所示。

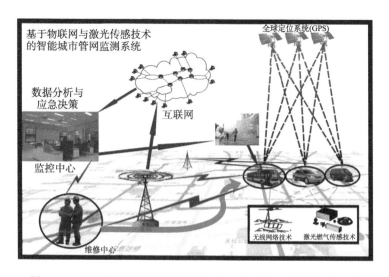

图 5.28　基于物联网与激光传感技术的城市燃气管网监测系统

　　2）基于 NDIR 原理的分布式地下燃气管线泄漏监测设备

　　非分光红外线（non-dispersive infrared spectroscopy，NDIR）技术用一个广谱的光源作为红外传感器的光源，光线穿过光路中的被测气体，透过窄带滤波片，到达红外探测器。其工作原理是基于不同气体分子的近红外光谱选择吸收特性，利用气体浓度与吸收强度关系（朗伯-比尔定律）鉴别气体组分并确定其浓度的气体传感装置。其主要由红外光源、光路、红外探测器、电路和软件算法组成的光学传感器，主要用于测化合物，如 CH_4、CO_2、N_2O、CO、SO_2、NH_3、乙醇、苯等，并包含绝大多数有机物。根据探测气体种类，可以划分为单一气体和复合气体传感器。

　　地下燃气管线泄漏监测由于监测点处于半密闭的地下窨井内，会存在缺氧状态，且安装维护都不方便，需要监测仪安装、维护简便，功率低，减少电池更换频次。因此，对催化燃烧、半导体传感器来说同时满足这些要求存在很大困难。NDIR 红外传感器与催化燃烧式、半导体式等相比具有应用广泛、使用寿命长、灵敏度高、稳定性好、不依赖氧浓度、维护成本低、功耗低等一系列优点，非常适合用于地下燃气管线泄漏监测。

地下燃气管线泄漏监测系统设计原理如图 5.29 所示。监测系统采用基于 NDIR 检测技术和无线传输为核心的分布式方法作为地下燃气泄漏监测的技术方案，整个系统分为仪器端、服务器端、客户端。仪器端与服务器端通过 TCP（transmission control protocol，传输控制协议）传输数据，传输协议为自定义协议。现场有防爆要求，每个现场情况不同，部署通信线缆不方便，数据通信量不大，可采用 GPRS DTU、NB-IoT 等进行无线通信传输。地上地下多方式多尺度动态监测设备如图 5.30 所示。

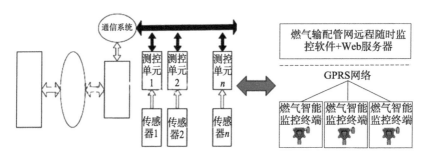

图 5.29　地下燃气管线泄漏监测系统设计原理图

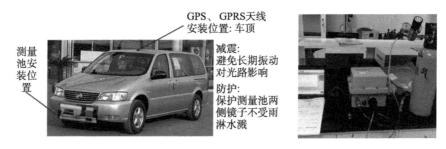

图 5.30　地上地下多方式多尺度动态监测设备

2. 土壤和大气扩散动力学耦合的反演溯源预警技术

燃气会在土壤中扩散并进入大气，在风等作用下不断扩散，造成大范围危害。因此本节针对土壤和大气中物质扩散规律的不同，通过地面的传质通量将土壤和大气中的扩散过程进行耦合，建立基于 CFD 的土壤和大气扩散耦合的数值模拟模型，详细研究土壤中无燃气泄漏和有燃气泄漏时的压强与浓度分布规律，分析泄漏量对压强和浓度分布的影响。进一步基于贝叶斯推理方法，构建综合考虑土壤和大气扩散动力学耦合的泄漏物质扩散的反演溯源预警方法，从准确性、时效性和对不确定性的量化能力这三个方面，对马尔可夫链蒙特卡罗方法（Markov chain Monte Carlo，MCMC）、序贯蒙特卡罗方法（sequential Monte Carlo，SMC）和集合卡尔曼滤波方法（ensemble Kalman filter，EnKF）这三种源项估计的随机方法进行深入研究。最后开展埋地管线泄漏土壤大气耦合扩散大尺度实验，并验证数值模拟模型和反演溯源算法的准确性。

3. 燃气泄漏模型建立

1）多孔介质流体动力学模型介绍

埋地燃气管道在事故泄漏时，燃气可通过两种途径进入大气中，一种是燃气直接泄漏到大气环境中，另一种是泄漏到土壤中，通过土壤渗透进入大气环境中。由于土壤是一种多孔介质，其内部孔隙分布曲折复杂。而实际中燃气泄漏后在土壤中的迁移过程是一个极其复杂的物理现象，主要包括以压力梯度为动力的对流和以浓度梯度为动力的扩散。当燃气管道发生泄漏时，由于管道压力相对土壤中空气压力较大，且泄漏口处的燃气浓度明显高于其他区域，气体会受压力差驱动和浓度差驱动从泄漏点迁移到周围土壤孔隙中，进而扩散至大气环境中。

多孔介质中流体的流动是自然界和工程实际中的普遍现象，其应用涉及石油工程、化学工程、农田水利、地下土壤污染防治、生物医学工程等领域。多孔介质可以在三个层次上加以定义：①多孔介质是所占据空间内的多相物质，多相物质可以包括液相和（或）气相，但至少要有一相是固相，称为固体骨架；②在多孔介质所占据的范围内，固相遍及整个空间，或者说在每个代表性单元体内，必须存在固体颗粒；③多孔介质的空隙至少有一部分是相互连通的，如图 5.31 所示。

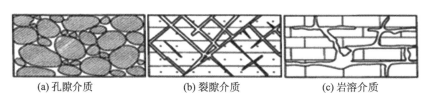

(a) 孔隙介质　　　　　(b) 裂隙介质　　　　　(c) 岩溶介质

图 5.31　多孔介质

由于地下燃气管道泄漏后先在地下扩散，地下燃气泄漏扩散边界范围除了受到泄漏速率、泄漏口面积、泄漏时间、管道运行压力等气体泄漏条件的影响，也受到土壤自身物性参数（土壤孔隙率、含水率、渗透率等）、管道埋设覆盖层的密闭性、气候条件、是否遇到地下密闭空间或障碍物等诸多因素的影响。在泄漏量一定的条件下，土壤环境是决定扩散速度与影响范围的关键因素。土质孔隙度越大（如沙土），含水率越低，其扩散速度与影响范围越大。土壤环境又受气候环境温度（夏季和冬季）和湿度（晴天和雨雪天）影响。

2）模型的建立

城市燃气管线根据敷设方式分为架空管道和地下管道两类。因此燃气管网发生泄漏事故后，泄漏气体可通过两种方式进入大气环境中。一种是直接泄漏到大气环境，如架空管线泄漏或施工挖断管线等情形；另一种是先泄漏到土壤中，再通过土壤颗粒间的孔隙渗透扩散到大气环境，如管线腐蚀穿孔造成的泄漏等。泄漏气体在大气中在风等作用下扩散，造成大范围危害。

对于架空管道泄漏或者地表泄漏，可以采用计算流体力学模型计算燃气的扩散。对于埋地燃气管道泄漏问题，则需建立燃气在土壤中的三维泄漏扩散模型。

燃气管道的覆盖层是松散土壤的理想状态下，泄漏燃气在土壤中的泄漏扩散过程如图 5.32 所示。泄漏燃气呈一个漏斗形状向地面扩散，并且能够直接冒出地面。

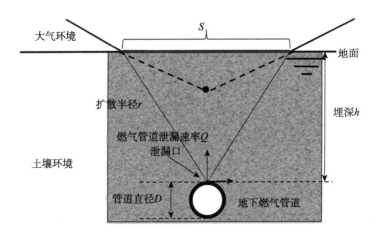

图 5.32　理想状态下埋地燃气管线泄漏示意图

A. 土壤扩散物理模型

考虑与唐保金（2009）的实验类似的单相微小泄漏情形，此时土壤中甲烷的扩散规律可以用达西定律和菲克定律来描述。对于符合达西定律的土壤渗流，其气体渗流速度 v_s（m/s）与土壤的渗透率 k（m^2）、流体的动力黏度 μ（Pa·s）、压力梯度 ∇p（Pa/m）、密度 ρ（kg/m^3）和重力加速度 g（m/s^2）有关，表达式为

$$v_s = \frac{k}{\mu}(-\nabla p + \rho g) \tag{5.36}$$

对于混合气体，动力黏度 μ 依据式（5.37）（王志伟，2006）获得

$$\mu = \sum_i \frac{\mu_i}{1 + \sum_{j \neq i} \phi_{ij} x_j / x_i} \tag{5.37}$$

$$\phi_{ij} = \frac{\left\{ 1 + (\mu_i/\mu_j)^{\frac{1}{2}} (M_j/M_i)^{\frac{1}{4}} \right\}^2}{2\sqrt{2(1 + M_i/M_j)}} \tag{5.38}$$

其中，μ_i 为第 i 个气体组分的动力黏度，Pa·s；x_i 为第 i 个气体组分的摩尔分数；M_i 为第 i 个气体组分的摩尔质量，kg/mol。

用组分质量分数 C_i 作为变量的组分输运方程如下：

$$\frac{\partial}{\partial t}(\varepsilon\rho C_i) + \nabla\cdot(\rho C_i v_s) = \nabla\cdot(\rho D\nabla C_i) + S_i \qquad (5.39)$$

其中，ε 为土壤的孔隙度；D 为气体在土壤中的有效扩散系数，m²/s；S_i 为第 i 个气体组分的质量源项，kg/(m³·s)。

连续性方程如下：

$$\frac{\partial}{\partial t}(\varepsilon\rho) + \nabla\cdot(\rho v_s) = \sum_i S_i \qquad (5.40)$$

理想气体状态方程如下：

$$p = \sum_i \frac{\rho_i RT}{M_i} = \sum_i \frac{C_i \rho RT}{M_i} = \frac{\rho RT}{M} \qquad (5.41)$$

其中，ρ_i 为第 i 个气体组分的密度，kg/m³；R 为气体常数，J/(mol·K)，取值为 8.31；T 为温度，K。

将方程（5.36）代入方程（5.40），并删掉非稳态项，得到关于压力的方程：

$$\nabla\cdot\left(\rho\frac{k}{\mu}(\nabla p)\right) = -\sum_i S_i + \nabla\cdot\left(\rho\frac{k}{\mu}\rho g\right) \qquad (5.42)$$

B. 大气扩散物理模型

采用标准 k-ϵ 模型，求解大气中的气体扩散过程，控制方程如下（注意，这里变量的符号遵循 CFD 领域的惯例，符号是独立的）：

$$\frac{\partial\overline{u_i}}{\partial x_i} = 0 \qquad (5.43)$$

$$\frac{D\overline{u_i}}{Dt} = -\frac{1}{\rho}\frac{\partial\overline{p}}{\partial x_i} + \frac{\partial}{\partial x_j}\left(\nu\frac{\partial\overline{u_i}}{\partial x_j} - \overline{u_i'u_j'}\right) \qquad (5.44)$$

$$\frac{Dk}{Dt} = P_k + \frac{\partial}{\partial x_j}\left(\frac{\nu_t}{\sigma_k}\frac{\partial k}{\partial x_j}\right) - \varepsilon \qquad (5.45)$$

$$\frac{D\varepsilon}{Dt} = \frac{\varepsilon}{k}(C_{\varepsilon 1}P_k - C_{\varepsilon 2}\varepsilon) + \frac{\partial}{\partial x_j}\left(\frac{\nu_t}{\sigma_\varepsilon}\frac{\partial\varepsilon}{\partial x_j}\right) \qquad (5.46)$$

$$-\overline{u_i'u_j'} = \nu_t\left(\frac{\partial\overline{u_i}}{\partial x_j} + \frac{\partial\overline{u_j}}{\partial x_i}\right) - \frac{2}{3}\delta_{ij}k \qquad (5.47)$$

$$\nu_t = C_\mu \frac{k^2}{\varepsilon} \tag{5.48}$$

$$P_k = -\overline{u_i' u_j'} \frac{\partial \overline{u_i}}{\partial x_j} \tag{5.49}$$

$$\frac{DC}{Dt} = -\overline{u_i} \frac{\partial C}{\partial x_i} + \frac{\partial}{\partial x_i} \left[\left(D + \frac{\nu_t}{Sc_t} \right) \frac{\partial C}{\partial x_i} \right] + S_C \tag{5.50}$$

其中，$\overline{u_i}$ 为时均速度，m/s；u_i' 为脉动速度，m/s；ρ 为空气的密度，kg/m³；$\overline{p}$ 为时均压力，Pa；ν 为运动黏度，m²/s；ν_t 为涡黏性系数，m²/s；k 为湍动能，m²/s²；ε 为湍流耗散率，m²/s³；$C_\mu = 0.09$，$C_{\varepsilon 1} = 1.44$，$C_{\varepsilon 2} = 1.92$，$\sigma_k = 1.0$ 和 $\sigma_\varepsilon = 1.3$ 是湍流模型的常数；C 为组分质量浓度，kg/m³；D 为扩散系数，m²/s；$Sc_t = 0.7$ 为湍流施密特数。

4. 燃气管网泄漏全尺寸实验及模拟

1）燃气管网泄漏全尺寸实验

实验通过模拟城市埋地天然气中低压管道因腐蚀穿孔或连接处焊接质量差而引发的微孔泄漏，探究土壤中天然气扩散浓度与泄漏点距离的关系，为管道泄漏点定位、泄漏影响范围预测及事故调查取证提供技术依据。

实验系统主要包括泄漏扩散模拟系统、气体检测与数据采集系统和尾气处理等辅助装置。实验流程分为三个阶段，第一阶段为泄漏模拟阶段，天然气从储罐经过二级或三级调压接至实验场地。打开进气管路的球阀，天然气从管道流出，依次通过压力表、流量计，再通过实验管道的泄漏口（地下 0.9 m）泄漏至实验坑（长度为 10 m，宽度为 5 m，深度为 2 m）土壤颗粒孔隙中；第二阶段为数据采集阶段，利用气体检测与数据采集系统实时采集泄漏至实验坑内各点的天然气浓度值；第三阶段为尾气处置处理阶段，为了安全起见，待浓度数据采集完毕后，关闭控制进气的球阀，打开安全放散阀，将实验管道中存留的天然气排空。天然气泄漏实验系统结构图如图 5.33 所示，实验分组工况见图 5.34。

实验坑四周外 0.5 m 处安装推拉式遮雨帐篷，以避免雨季雨水灌入，浸泡土壤，影响土壤水含量和透气性。实验坑周围安装安全围栏，并贴挂安全警示标志。开挖实验坑，坑有效面积为 10 m × 5 m，深度为 1.5 m。实验坑内部四周及底面安装防渗水膜，防止天然气渗流至其他区域，同时也防止地下水渗透对实验的影响。根据浓度传感器填埋方式不同，第 1 次实验为打孔式填埋，之后实验为翻土式填埋。在实验坑内布置的实验管道（DN20），管道钻一个直径为 2 mm 的圆孔作为泄漏口。泄漏口具体位置埋深为 0.9 m。

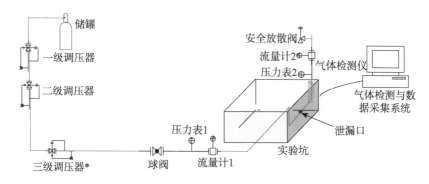

图 5.33　天然气泄漏实验系统结构图

(a) 天然气泄漏实验现场

(b) 实验用气罐

图 5.34　实验分组工况

实验浓度传感器均填埋至泄漏口一侧，距离泄漏口水平距离分别为 3 m、2 m 和 1 m，其中 45 个传感器埋于土壤中（埋深为 0.5 m），5 个传感器放置于地表。采样点布置详细情况如图 5.35 所示。

2）埋地燃气管网泄漏数值模拟研究

面向城市地下燃气泄漏探测和评估的需求，基于开源 CFD 工具包 OpenFOAM 进行土壤、大气耦合的燃气扩散数值模拟研究。

对于土壤中甲烷的扩散规律，可以用达西定律和菲克定律来描述；在此基础上，选取一定的二维区域和边界条件来计算甲烷在土壤中的扩散。土壤计算区域见图 5.36(a)，计算域长 30 m，深 2.9 m。其中黑色圆圈为甲烷泄漏点，侧面假设充分发展，底面为地下水，不透气。大气中的气体扩散过程，采用标准 $k\text{-}\varepsilon$ 模型进行求解，计算区域见图 5.36(b)。为方便研究泄漏后的燃气在街道中的扩散规律，选取一个风洞实验的几何模型作为大气计算区域。该二维计算区域包含五个街道峡谷，比例尺为 1∶500，高宽比均为 1。燃气泄漏发生在字母 S 标记的街道里，具体位置和尺寸在后面说明。入口处按照风洞实验的结果给定速度、湍动能和湍流耗散率的廓线，上边界取为对称边界，出口取为充分发展边界。

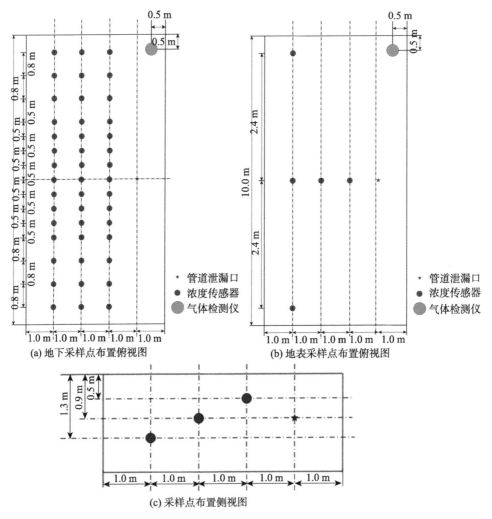

(a) 地下采样点布置俯视图

(b) 地表采样点布置俯视图

(c) 采样点布置侧视图

图 5.35　环境采样点布置情况

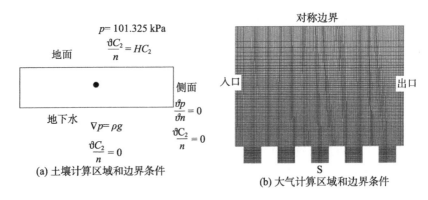

(a) 土壤计算区域和边界条件

(b) 大气计算区域和边界条件

图 5.36　计算区域和边界条件

使用开源 CFD 工具包 OpenFOAM 和 SIMPLE 算法进行计算，稳态求解控制方程。OpenFOAM 是采用 C++语言编写的开源连续介质力学数值计算库，包含网格划分、构建求解器和后处理等功能。用户可以像使用商业软件一样直接利用其标准求解器进行计算，也可以针对研究的具体问题，利用 OpenFOAM 和其开源社区提供的"基础设施"自定义求解器或离散方法。因此，本节选择 OpenFOAM 作为数值计算的工具。在 OpenFOAM 中构建了多组分达西流动求解器和组分输运求解器，分别求解甲烷在土壤和大气中的扩散，两部分通过地面的甲烷通量进行耦合。所有变量的收敛准则均为残差小于 10^{-6}。

当没有泄漏发生时，由于重力作用，压强随高度的增加而减小，呈现出规则的层状分布，如图 5.37(a)所示。

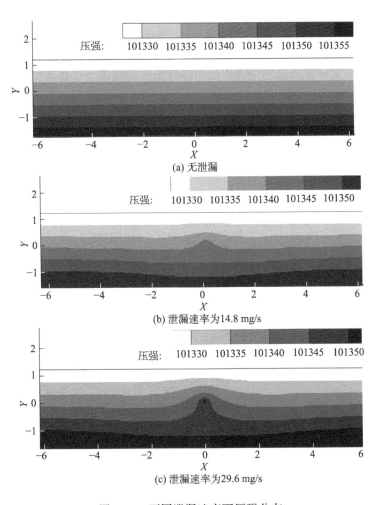

图 5.37　不同泄漏速率下压强分布

当在（0,0）点发生 14.8 mg/s 的甲烷泄漏时，达到稳态后的压强分布和甲烷质量分布如图 5.38(a)所示。可见泄漏口附近压强增大，甲烷的影响半径大概为 2 m，与文献中得到的结果相近。将泄漏量增大一倍，稳态时的压强分布和甲烷浓度分布见图 5.38(b)。可见压强分布更加偏离层状分布，甲烷的影响范围有所扩大，中心高浓度区域也明显增大。

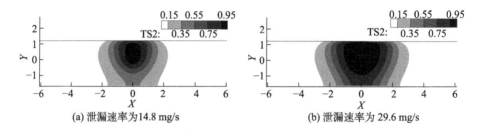

(a) 泄漏速率为14.8 mg/s   (b) 泄漏速率为29.6 mg/s

图 5.38　不同泄漏速率下甲烷质量分数分布

将土壤扩散计算得到的地面甲烷传质通量作为源项，计算甲烷在大气中的扩散。将地面甲烷通量分布在上风处邻近建筑物的 5 m 宽的路面上，如图 5.39 所示（考虑 1∶500 的比例尺，实际宽度为 5 m），图中数字表示相对于地面的高度(m)，这与天然气管道在实际中的埋设位置是相符的。将实际通量分布和均匀通量分布进行对比，并设置四条浓度观测线，以分析不同位置监测到的甲烷浓度对地面甲烷通量分布方式的敏感性。

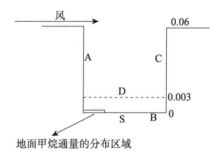

图 5.39　地面甲烷通量的分布区域以及 A，B，C，D 四条甲烷浓度观测线

图 5.40 对均匀通量分布和实际通量分布的计算结果进行了对比，甲烷浓度的数值较大是因为计算是在缩比模型中进行的。四条观测线均按照逆时针方向对甲烷浓度进行采样。在图 5.40(a)中，距离大代表接近地面，可见仅在地面附近两种通量分布造成的甲烷浓度有较大区别。在图 5.40(b)中，距离小表示街道的左侧，可见在接近泄漏源的街道左侧得到的甲烷浓度对通量分布比较敏感。在图 5.40(c)中，由于观测线 C 整体都在街道右侧，其浓度分布对通量分布不敏感。图 5.40(d)

和图 5.40(b)反映的现象类似,由于观测线 D 在观测线 B 的上方,故其浓度分布对地面通量分布的敏感性有所降低。而观测线 D 的高度对应实际中的 1.5 m,正是车载式甲烷探测器的一个有代表性的安装高度。由此可以知道,在一些条件下(如本算例中)地面通量的具体分布对车载探测的影响并不明显,尤其是行车路径不在泄漏点正上方时。这使得通过车载测量值对城市燃气泄漏进行快速且较为准确的评估成为可能,同时也说明大气中的燃气扩散过程主导了浓度监测的结果,因为相比于较为稳定的地下环境,街道大气环境时刻都在变化。事实上,出于安全和环保的考虑,基于车载式气体探测技术的天然气泄漏量估计已经成为美国等发达国家的一个研究热点,主要关注点包括采样策略与估计算法的设计、行车轨迹的规划和对估计结果不确定性的评估等。

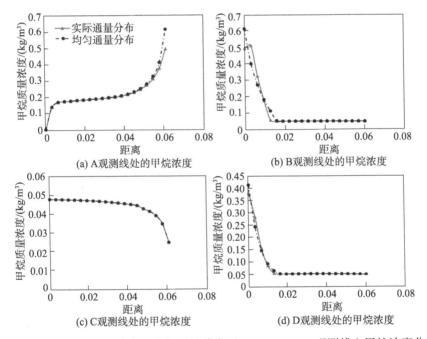

图 5.40　实际通量分布和均匀通量分布下 A,B,C,D 观测线上甲烷浓度分布

5. 基于反演预警理论的危险源快速定位方法

在理论分析了燃气管线泄漏后在地下环境和地面大气环境中的扩散规律,同时通过实验以及模拟获得了泄漏源参数和测量数据后,需要基于反演预警理论快速确定泄漏源的位置。

1)贝叶斯随机反演理论

危险物质泄漏源项估计问题的解决通常需要结合使用大气扩散模型和反演算法,并且常常伴随着各种各样的不确定性,包括大气扩散模型中的不确定性、气象条件中的不确定性、测量过程中的不确定性和反演算法中的不确定性。贝叶斯推理为源项估计问题提供了一个统一的理论框架，并且可以量化源项估计结果的不确定性。

从贝叶斯估计的角度，泄漏源参数和测量数据都可以看成随机变量。用 $X^t = \{X_1^{(t)}, X_2^{(t)}, \cdots, X_n^{(t)}\}$ 表示 n 个源参数，包括 t 时刻的泄漏位置和泄漏率；用 $Y^t = \{Y_1^{(t)}, Y_2^{(t)}, \cdots, Y_k^{(t)}\}$ 表示 t 时刻 k 个传感器处测得的浓度值；用 $F^t = \{F_1^{(t)}, F_2^{(t)}, \cdots, F_k^{(t)}\}$ 表示正向大气扩散模型给出的 t 时刻浓度值的预测。假设任意时刻任意传感器处的测量误差和正向模型预测误差是独立的，而且满足均值为 0、方差已知的高斯分布，那么传感器测量值关于源参数的似然函数可以写为

$$p(Y \mid X) = \prod_{t=1}^{m} \prod_{i=1}^{k} p(Y_i^{(t)} \mid X) \propto \exp\left\{ -\sum_{t=1}^{m} \sum_{i=1}^{k} \frac{[F_i^{(t)}(X) - Y_i^{(t)}]^2}{2(\sigma_{y,i}^{(t)2} + \sigma_{f,i}^{(t)2})} \right\} \quad (5.51)$$

源参数的后验概率分布可以写为

$$p(X \mid Y) \propto p(X) \exp\left\{ -\sum_{t=1}^{m} \sum_{i=1}^{k} \frac{[F_i^{(t)}(X) - Y_i^{(t)}]^2}{2(\sigma_{y,i}^{(t)2} + \sigma_{f,i}^{(t)2})} \right\} \Big/ p(Y) \quad (5.52)$$

其中，$X^t = \{X^1, X^2, \cdots, X^m\}$ 和 $Y^t = \{Y^1, Y^2, \cdots, Y^m\}$ 分别为源参数历史和观测数据历史；$\sigma_y^t = \{\sigma_{y,1}^t, \sigma_{y,2}^t, \cdots, \sigma_{y,k}^t\}$ 和 $\sigma_f^t = \{\sigma_{f,1}^t, \sigma_{f,2}^t, \cdots, \sigma_{f,k}^t\}$ 分别为 t 时刻的测量误差和正向预测模型误差对应的标准偏差。

从离散时间状态空间模型的角度，源项估计问题可以表述为

$$\begin{aligned} X^t &= M_t(X^{t-1}, v^t) \\ Y^t &= H_t(X^t, \omega^t) \end{aligned} \quad (5.53)$$

其中，向量 v^t 和 ω^t 分别代表 t 时刻的系统噪声和观测噪声。当源参数固定不变时，预测算子 M_t 表示系统参数的统计涨落，而观测算子 H_t 由前向扩散过程和观测过程共同构成。

在源项估计问题的研究中，最常用的正向大气扩散模型是高斯烟羽模型。在数值实验中，传感器被均匀布置在 5×5 的格点上，泄漏点位于坐标原点（0,0），泄漏率 Q 为 10434.78 g/s，主导风向沿着 x 轴正方向。示意图见图 5.41。

考虑到多种不确定性的存在，测量数据由高斯烟羽模型的输出值叠加不超过 50%的随机噪声得到，也就是说，Y^t 服从均匀分布 U（$0.5F^t, 1.5F^t$）。另外源参数的先验概率采用平坦的分布，即源位置（x_0, y_0）服从均匀分布（U[−10,60], U[−20,30]），源强服从均匀分布 U[500,20000]。

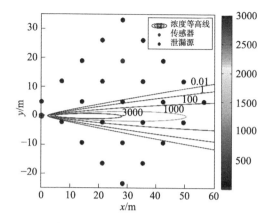

图 5.41 源项估计数值实验场景

下面介绍本书采用的贝叶斯框架下用于估计参数后验概率分布的三种随机采样算法。根据目标问题的物理描述，燃气管链蒙特卡罗方法的基本思想是按照一定的规则产生一条马尔可夫链，使得它的稳态分布恰好是待估计源参数的后验概率分布。使用 Metropolis-Hastings 算法来生成马氏链，对源参数的初始猜测为（50，−15）处 1000g/s 的泄漏。用于产生下一个迭代步参数候选值 Z_{j+1} 的建议分布取以当前迭代步参数值 X_j 为均值的高斯分布，即 $q(X_j, Z_{j+1}) = \mathrm{Gau}(X_j, \sigma_j^2)$。候选值 Z_{j+1} 的接受概率由式（5.54）计算：

$$\alpha(X_j, Z_{j+1}) = \min\left[1, \frac{p(Z_{j+1})p(Y \mid Z_{j+1})q(Z_{j+1}, X_j)}{p(X_j)p(Y \mid X_j)q(X_j, Z_{j+1})}\right] \tag{5.54}$$

序贯蒙特卡罗方法（SMC）也称为粒子滤波（particle filter，PF）算法，它充分利用了后验概率分布的序贯特性。建议分布采用先验分布，与 $q(X_j, Z_{j+1})$ 相同。对于不随时间变化的源参数，粒子权重的更新规则如下：

$$w_{j+1} \propto w_j \frac{p(Y \mid X_{j+1})p(X_{j+1} \mid X_j)}{q_{j+1}(X_{j+1} \mid X_j)} = w_j p(Y \mid X_{j+1}) \tag{5.55}$$

集合卡尔曼滤波方法（EnKF）是一种可以应用于非线性系统模型和观测模型的数据同化方法。如前所述，源项估计问题可以表述成离散时间状态空间模型的形式。为了在同样的基础上对比上述三种随机采样算法，预测算子 M_t 取为 $q(X_j, Z_{j+1})$。

三种算法得到的泄漏源位置及泄漏源强度的后验概率分布见图 5.42，为了更好地对源项估计结果进行比较，将每个源参数估计的均值、标准差和置信区间统计至表 5.6。

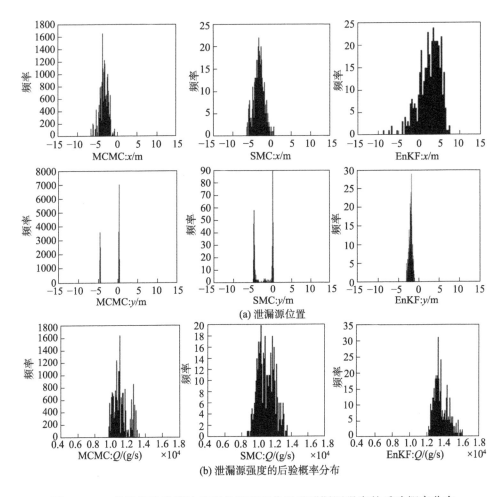

(a) 泄漏源位置

(b) 泄漏源强度的后验概率分布

图 5.42　三种随机采样算法得到的泄漏源位置及泄漏源强度的后验概率分布

　　容易看出 MCMC 和 SMC 估计结果的均值、标准偏差和 95%置信区间均十分相近，而 EnKF 表现出不同的模式。首先，EnKF 倾向于高估泄漏强度，且对迎风方向的位置参数 x 的估计有较大的标准偏差，对横向的位置参数 y 的估计有较小的标准偏差。其次，MCMC 和 SMC 得到的位置参数的后验概率均是双峰的，而 EnKF 得到的结果是单峰的。这是由于 EnKF 固有的局限性，它难以准确估计后验概率分布的非高斯特性。这说明这些基于不同理论和假设的随机采样算法在量化源项估计结果的不确定性时有不同的性能和特点。双峰后验概率分布的出现在本节中是一种对称歧义性的体现，与传感器的轴对称布置和监测数据中包含的较强的随机噪声有关，这两个因素使得存在两个可能的泄漏点。一个可以用来展示对称歧义性的典型的采样过程，如图 5.43 所示。

表 5.6　源项估计结果统计表

		MCMC	SMC	EnKF
位置 x/m	均值	−3.0	−3.0	1.2
	标准偏差	1.0	1.5	4.3
	95%置信区间	[−4.9, −1.1]	[−5.9,0.0]	[−7.8,9.5]
位置 y/m	均值	−1.0	−1.4	−2.2
	标准偏差	1.8	2.2	0.9
	95%置信区间	[−4.1,0.4]	[−4.7,0.4]	[−3.6, −0.5]
扩散率/(g/s)	均值	10755.7	10644.3	14079.1
	标准偏差	786.1	996	1064.2
	95%置信区间	[9336.2,12322.8]	[8822.3,12707.8]	[12015.5,16195.2]

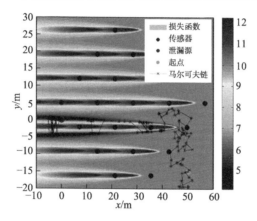

图 5.43　展示对称歧义性的采样过程

　　图中 Cost 的数值越小（偏向黑色）意味着泄漏源出现在该位置的后验概率越大。从图中可以清楚地看到，在当前的传感器布局下，研究区域内泄漏源位置的后验分布情况。进一步分析三种算法的执行过程，如表 5.7 所示。

表 5.7　三种算法的执行过程分析（基于 20 次重复运行）

	MCMC	SMC	EnKF
收敛步数	17325	138	173
每次迭代时运行正向模型的次数	1	100	101
每次迭代的粒子数或集合规模	1	100	100
正向模型收敛的总运行时间	17325	13800	17473

　　从表 5.7 可以看出，对于三种算法来说收敛时运行正向大气扩散模型的总次数基本是一样的。不过 SMC 和 EnKF 具有固有的并行特性，它们同时运行多个正向扩散模型，因而相比于 MCMC 需要较少的迭代次数就可以收敛。当要运行的正向扩散模型非常耗时时，利用这种并行特性可以大大缩短源项估计需要的时间。

2）危险源快速定位方法

对于前面阐述的燃气管网泄漏情况，针对泄漏扩散在大气环境中的气体进行溯源，建立基于传感器探测数据和高斯扩散模型的快速定位方法。对于埋地燃气管网泄漏后在土壤环境中的运移问题，泄漏气体在土壤中迁移扩散，利用菲克扩散定律计算土壤中泄漏燃气的迁移扩散过程；在地面形成面积为 S 的泄漏源在大气环境中扩散，可以采用高斯面源扩散模型计算燃气的迁移扩散过程，并结合使用反演算法解决危险物质泄漏源项估计问题。

基于传感器探测数据和高斯扩散模型的快速定位方法的实施原理可以通过以下四步来实现：①在实验场所内，假定一个区域（长宽均为探测器间隔 2 倍的矩形）内多个点（间隔 0.1 m 网格取点）作为泄漏源；②使用高斯烟羽模型计算各泄漏源发生泄漏后探测器节点处的气体浓度；③实验情况下，探测器实际测量数据记录；④模型计算值与实际测量值进行比较，找到最接近的一个点，即为泄漏源位置。图 5.44 给出了反演定位方法流程图。

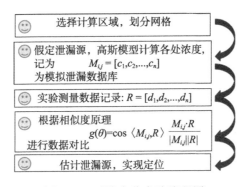

图 5.44　反演定位方法流程图

6. 燃气泄漏监测模块及实时分析软件

1）燃气泄漏监测模块

基于 ZigBee 无线网络技术等，结合气体浓度传感器，研发城市燃气管网泄漏集成监测模块原型。监测模块终端将实现气体泄漏信息和环境信息的采集与上传，并将所有采集数据通过无线传感器网络中的协调器传输到计算机，通过开发的软件反演泄漏源位置并显示。集成监测模块总体设计方案如图 5.45 所示。

设计选用星形 ZigBee 网络拓扑，网络中设一个协调器节点，传感器终端节点若干。协调器通过 RS232 接口转 USB（universal serial bus，通用串行总线）接口连接在 PC（personal computer，个人计算机）上，PC 上运行监控软件。除了必需的电源模块和天线电路，协调器节点上还包括 RS232 通信模块，终端设备节点上连接了气体浓度传感器。

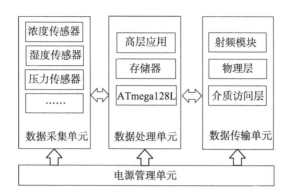

图 5.45　集成监测模块总体设计方案

对于燃气泄漏监测系统的开发，总体上可以分为硬件和软件两个方面，本节选用 TI 的 CC2530 SoC 芯片以及配套 CC2530 ZigBee 开发套件作为无线传感器网络的硬件解决方案，采用 IAR Embedded Workbench for MCS-8051 V7.51A（IAR-EW）作为系统的软件开发平台。另外，选用 MQ139 氟利昂检测传感器，验证危险气体监测原型系统无线通信的可靠性及测量精度。具体选用的各部件实物图见图 5.46。

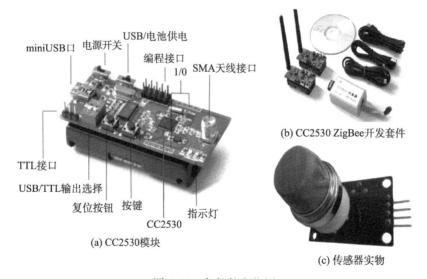

图 5.46　各部件实物图

选择了气体浓度探测器、电源管理单元之后，对 ZigBee 数据收发模块通过烧解时间校准、数据采集间隔、发送间隔等控制程序进行改进，开发出气体泄漏集成探测模块。该集成模块可以实现泄漏气体浓度的实时采集，并通过 ZigBee 模块实时传输到数据终端，并能实现电源的自供给；由于在 ZigBee 模块中烧解了时间校准程序，因此可以控制气体浓度传感器的采集时间间隔和发送时间间隔。集成探测模块实物见图 5.47。

图 5.47   集成探测模块实物

2）燃气管网泄漏实时分析软件

在综合调研、开发集成监测模块、建立泄漏源快速定位方法等的基础上，研发出基于监测数据的城市燃气管网泄漏实时分析软件原型，将环境信息采集、无线数据传输、危险源快速定位等功能集于一体，为燃气管网泄漏事故的应急救援提供实施决策依据。该软件系统集成了信息采集、实时信息监控、数据传输、泄漏源反演溯源、历史记录查询等多种功能。软件系统原理图如图 5.48 所示。

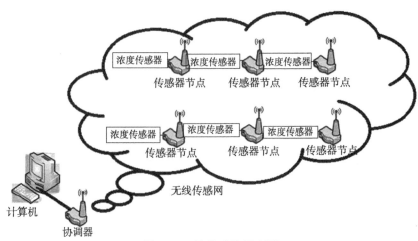

图 5.48   软件系统原理图

该系统实物组成包括计算机控制终端、协调器、集成信息探测模块，其中在计算机控制终端，可以实时调节集成信息探测模块（图 5.47）探测燃气泄漏实时浓度数据，通过 ZigBee 无线数据收发单元发送数据，由控制中心接收；利用泄漏源快速定位功能（图 5.44）进行溯源，有效应对燃气泄漏事故。监测系统终端实物连接图如图 5.49 所示。

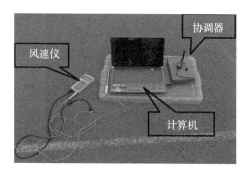

图 5.49　监测系统终端实物连接图

图 5.50 给出了该软件系统选择操作界面。系统进入工作目录后，可以选择地图编辑、参数设置、探测器标定、记录数据、历史记录五种功能。

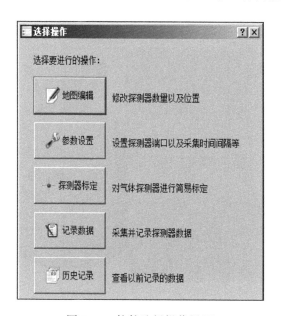

图 5.50　软件选择操作界面

在综合调研、开发集成监测模块、建立泄漏源快速定位方法等的基础上，本课题研发出基于监测数据的城市燃气管网泄漏实时分析软件原型，将环境信息采集、无线数据传输、危险源快速定位等功能集于一体，为燃气管网泄漏事故的应急救援提供实施决策依据。

7. 实际场地实验验证

本部分主要通过开展场地实验验证基于监测数据的燃气泄漏实时分析软件模型原型系统的可行性和实用性。实验表明，该系统可以应用于城市燃气管网泄漏实时分析，为相关事故应急救援提供决策依据。

尽管 CO、CH₄ 等气体探测器精度高，但这类气体本身具有较大的危险性，不适合做实验；SF₆ 本身是一种很安全的气体，但市面上该气体的传感器价格昂贵，而且测得数据不连续。本节最终选用 R134a 制冷剂作为实验用气体（图 5.51），该气体无毒，在空气中不可燃，对臭氧层完全没有破坏，是一种很安全的气体，且传感器价格适中。

选用 MQ139 氟利昂探测器作为环境信息采集设备，采集泄漏气体的浓度数据，主要是因为可以实现双路信号输出；模拟量输出随浓度增加而增加，浓度越高电压越高；对氟利昂有很高的灵敏度和选择性；测试浓度范围：R134a 10 ~ 1000mg/m³；适宜于 R11、R22、R113、R134、R409a、R410a 等的探测。由于气体泄漏扩散受环境因素影响严重，尤其是风速的影响，因此实验中采用智能化手持 FB-1 型风速测量仪表。

图 5.51　实验气体 R134a

按如下步骤进行多次实验。

（1）对传感器终端节点中的 MQ139 传感器接通电源进行预热。

（2）测量并记录风速和风向。

（3）根据场地情况和通信距离，在地面建立二维坐标系，确定各传感器节点和气体释放点坐标。

（4）传感器预热完成后，按照确定的坐标位置摆放传感器终端节点和 R134a 气体气瓶。

（5）将作为协调器的 ZigBee 通信模块与笔记本电脑通过 USB 数据线连接，运行数据接收软件，并将笔记本电脑放置于实验场地附近合适位置，确保所有终端节点在有效通信范围内。

（6）打开气瓶阀门释放气体，观察笔记本电脑上的接收数据，直至所有传感器节点的数据都成功接收后关闭气瓶阀门。

（7）记录数据并进行分析，利用高斯模型反演泄漏源位置，估算精度。

选取一次较为典型的实验进行分析。定义相对误差 φ 表示估测泄漏位置相对实际泄漏位置的偏离程度，其表达式如下：

$$\varphi = \frac{d_1}{d} \tag{5.56}$$

其中，d_1 为泄漏源反演估测位置与实际泄漏点之间的偏移距离，d 为实验场地当量直径，若为方形场地，则为边长。

本次实验探测器间隔 20 m 即 40 m × 40 m 的场地区域，场地内布置了 9 个传感器终端设备、1 个协调器和 R134a 气体泄漏源，协调器和 PC 相连接，同时，用风速仪记录实时风速并传输至 PC。如图 5.52(a) 建立坐标系，探测器 5 位于坐标原点，各探测器节点位置坐标见图 5.52(b)。实验期间的风向为北风，即 Y 的负方向，平均风速为 0.7802 m/s。

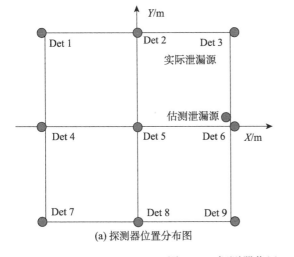

节点名称	坐标
Det1	(−20,20)
Det2	(0,20)
Det3	(20,20)
Det4	(−20,0)
Det5	(0,0)
Det6	(20,0)
Det7	(−20,−20)
Det8	(0,20)
Det9	(20,−20)

(a) 探测器位置分布图　　　　(b) 探测器位置坐标

图 5.52　探测器位置

由图 5.52 可知，通过高斯烟羽模型计算，运用快速定位方法得到估计泄漏位置为（19.2, 2.9），而实际泄漏位置为（13, 15），偏离实际泄漏位置 9.3 m，相对误差为 23.25%。

为了分析探测器数量对实验精确度的影响，通过采用不同数量的探测器探测数据进行泄漏源的反演定位计算，结果如表 5.8 所示。

表 5.8　探测器数量敏感度分析

算例	Det1	Det2	Det3	Det4	Det5	Det6	Det7	Det8	Det9	定位结果	偏差/m	相对误差
1	√	√	√	√	√	√	√	√	√	(1.7,5.6)	3.9	0.195
2	×	×	×	√	√	√	√	√	√	(1.7,5.6)	3.9	0.195
3	√	√	√	×	√	√	√	√	√	(3.6,−0.3)	2.8	0.14
4	√	√	√	√	√	√	×	√	×	(4.5,7.3)	4.8	0.24
5	×	×	×	×	√	×	×	√	√	(−2.7,12.7)	12.2	0.61
6	√	√	√	√	√	√	√	√	×	(9.9,3.9)	6.1	0.305
7	√	√	√	√	√	√	√	√	√	(2.0,7.3)	5.2	0.26
8	√	√	√	√	√	√	√	√	√	(1.5,5.9)	4.2	0.21
9	×	×	×	√	√	√	√	√	√	(2.9,14.5)	12.1	0.605
10	√	×	√	×	×	×	√	×	√	无法计算		
11	×	×	×	×	×	×	×	×	×	(16.4,5.4)	12.7	0.635
12	×	×	×	×	×	×	×	√	×	(4.5,7.3)	4.8	0.24
13	×	×	×	×	×	×	×	×	×	(−2.0,7.3)	7.7	0.385
14	×	×	×	√	×	√	×	×	×	无法计算		
15	×	×	×	×	×	√	×	×	×	无法计算		

由表 5.8 可知：排布相对较密集，估计误差较小；同样范围内有效传感器数量对估算值有影响，数量越多，误差越小。

通过多次实验验证，证明该方法可以快速进行泄漏源的定位。

8. 城市燃气管网多方式监测及反演预警应用

地上地下固定移动多方式监测及反演预警应用场景如图 5.53 所示。在某城市区域应急指挥部布置多方式监测及反演预警系统，在燃气井、电力井、污水井等部位分别安装了 12 台燃气泄漏监测报警仪，平均每台监测仪累计获得 3 万多组数据。利用车载式泄漏监测系统巡检近 100km。共计数据测量 6.6 万点，补充了人工巡检在时间上较慢、空间上覆盖不全的问题，大幅提高了管道巡检的效率。通过应用，为提升城镇生命线系统安全监管与应急处置技术水平提供了手段和科技支撑。

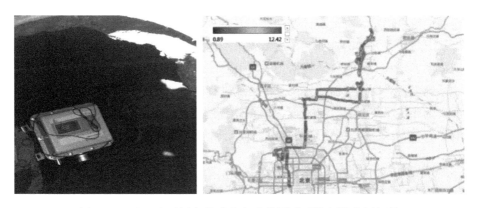

图 5.53　地上地下固定移动多方式监测及反演预警应用场景

5.3.3　城镇生命线系统应急决策一体化云平台研发

研究构建了城镇生命线系统应急决策一体化云平台，实现了城镇生命线系统应急决策多主体功能的高度集成，提升了应急决策的信息化和智能化水平。

依据城镇生命线系统特征和灾害事故自身发生发展时空规律以及灾害信息传递规律等，采用大数据、云计算等新兴信息技术，设计了城镇生命线系统一体化应急决策云平台总体架构（图 5.54）。根据城镇生命线安全运行与应急处置需求，采用 IaaS（infrastructure as a service，基础设施即服务），PaaS（platform as a service，平台即服务），SaaS（software as a service，软件即服务）三层服务架构，构建了基础设施、平台和软件的不同服务模式。利用城镇生命线管网实时监测数据，结合示范城市基础地图数据，构建了生命线重大灾害事故态势与应急决策的时空可视化方法，明确突发事件下不同部门职能与定位，实现了多源异构数据整合及服务、多类型应用终端一致化、多层级用户之间协同化的应用。研发了城镇生命线系统应急决策一体化云平台，平台主要包括管线概况、风险评估、监测预警、协

		城市生命线系统应急决策一体化云平台			
标准规范体系	综合展示	大屏展示　　显示终端　　移动端　　预警中心			信息安全体系
	SaaS	脆弱性分析　风险分析　　城市综合风险评估 浓度监测　　泄漏预警　　反演计算　　影响分析			
	PaaS	身份认证管理　　　服务总结　　　访问控制 数据库/文件/第三方应用			
法律法规 标准规范 技术要求	IaaS	容量调配　　并行计算　　负载均衡　　信息安全 虚拟管理　　网络设备　　存储　　　　其他			数据安全 应用安全 网络安全

图 5.54　城镇生命线系统应急决策一体化云平台

同会商、情景构建、查询统计等功能，具备了实时动态管网数据监测、突发事件预警、应急处置方案的选择、事故情景推演等主体功能，为城镇生命线系统应急决策提供了技术工具和科学依据。

系统主要对城镇生命线系统总体情况进行展示，其界面如图 5.55 所示。主要实现安全评估评分查看、24 小时内报警趋势图展示、固定监测设备的气体浓度轮循展示、移动/固定监测传感器实时数据轮循展示、实时视频监控展示等功能。

图 5.55　城镇生命线系统应急决策一体化云平台界面

第 6 章

基于指标体系的典型城市灾害风险评估

第 4 章和第 5 章介绍了城市基础设施脆弱性的分析方法，在全球自然灾害多发的背景下，如何采取合理的措施减少自然灾害造成的损失、应对自然灾害一直是热点研究话题。要做到预防自然灾害，建立合理的指标体系评估自然灾害非常必要。本章以台风、暴雨和地面塌陷为例，基于指标体系的方法研究典型城市灾害风险评估。

6.1 基于指标体系的台风灾害风险评估

台风灾害的风险是台风致灾因子危险性、承灾载体脆弱性和应急能力共同作用的结果，本章基于这三个方面对台风综合风险评估指标进行构建。在台风综合风险评估方面，通过文献收集与调研，台风数据挖掘与统计，相关专家研讨等方法，建立台风综合风险评估指标体系。如图 6.1 所示，致灾因子危险性包括台风发生频率、最大风速、最大 24h 降雨量三个二级指标；承灾载体脆弱性包括地势高度、房屋抗风能力、农林牧渔业比例、人口密度和弱势群体比例五个二级指标。应急能力包括人均 GDP、应急避难所数量、公路线密度和医疗水平四个二级指标。

致灾因子危险性：台风致灾因子指台风本身携带的风速、暴雨、风暴潮等因子（牛海燕等，2011），以致灾因子的强度和频率衡量台风灾害危险性。本书通过分析各致灾因子对灾情的贡献程度进行台风致灾因子危险性分析，并建立沿海地区台风致灾因子危险性评价指标体系。本书中，致灾因子考虑到台风发生频率、最大风速、最大 24h 降雨量三个指标，对其强度进行加权求和。

承灾载体脆弱性：承灾载体是突发事件的作用对象，本书台风承灾载体脆弱性主要考虑台风灾害对人、物、系统三方面的影响。由地势高度、房屋抗风能力、农林牧渔业比例、人口密度和弱势群体比例五个指标共同构成。其中，人口密度作为人为承灾载体，具有非常重要的代表意义。

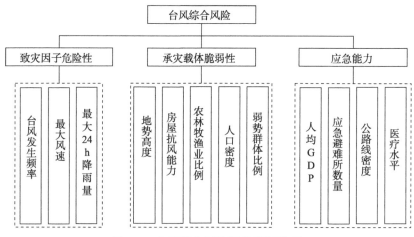

图 6.1　台风综合风险评价指标体系

应急能力：应急管理指可以预防或减少突发事件及其后果的各种人为干预手段。包括人均 GDP、应急避难所数量、公路线密度和医疗水平四个二级指标。

建立台风综合风险评价指标体系后，通过专家打分法，结合层次分析法（AHP），将各指标对台风灾情贡献程度进行重要性排序，构建比较判断矩阵，确定各指标权重，分析各研究区域脆弱性得分。

6.2　基于指标体系的暴雨灾害风险评估

20 世纪 80 年代以来，我国暴雨日数与极端降水事件数均呈增加趋势，并且在长江中下游地区表现尤为显著。当前，暴雨灾害已经严重影响了我国城市的正常运转与城市居民正常的生产生活，并有愈演愈烈之势。城市暴雨灾害系统作为典型的城市自然灾害系统之一，学术界对其研究的理论框架、分析思路与评价方法等诸多方面仍较为薄弱，亟待进一步完善。

自然灾害的指标体系中，一级指标相对比较固定，一般与灾害理论框架中的概念对应。目前常见的有：按照公共安全三角形模型分为突发事件、承灾载体、应急管理三项；按照区域灾害系统论分为致灾因子、孕灾环境、承灾体三项；参考美国飓风灾害风险指数（hurricane disaster risk index，HDRI）分为危险性（hazard）、暴露性（exposure）、脆弱性（vulnerability）、应急响应及恢复（emergency response & recovery）。下面参照公共安全三角形模型，对城市暴雨内涝灾害的二级指标进行讨论。

1. 致灾因子

城市暴雨内涝灾害的致灾因子是暴雨。因此致灾因子下的二级指标应该能描述暴雨的特征。比较常用的致灾因子指标见表 6.1。这些指标从不同侧面描述暴雨的特征，在数学上并不完全独立，实际应用时根据需要选取其中一部分即可。

表 6.1　暴雨内涝灾害的常用致灾因子指标

指标	说明
年平均降雨量	平均一年的降雨量
汛期降雨量	平均一年中汛期内的降雨量。相比年平均降雨量，可以部分排除非汛期不致灾小雨的影响
年平均暴雨日数	一年内日降雨量大于阈值（如 50 mm）的平均天数
最大 1h 降雨量	历史上出现过的最大降雨强度。侧重短时强降雨的影响
最大日降雨量	历史上出现过的最大日降雨量。与最大 1h 降雨量作用接近，侧重长时间降雨的影响

2. 承灾载体

城市暴雨内涝灾害的承灾载体是城市。因此承灾载体下的二级指标应该能描述城市的特征，而且这些特征还要能显著影响暴雨内涝灾害演进过程以及损失情况。比较常用的承灾载体指标见表 6.2。同样，实际应用时根据需要选取其中一部分即可。

表 6.2　暴雨内涝灾害的常用承灾载体指标

指标	说明
地势高度	一般来说，地势低洼容易积水
地形坡度	坡度会影响暴雨内涝灾害演进过程，此外，过陡的坡度还可能导致山洪、滑坡、泥石流等次生衍生灾害
植被覆盖率	植被可以在一定程度上减缓暴雨内涝
地表透水性	由土壤类型以及人工设施决定，透水性好的地面可以减缓暴雨内涝
人口密度	直接影响受灾人口
地均产值	影响受灾经济损失
地均农业产值	影响受灾经济损失。农业受洪涝灾害影响比工商业大
地均工商业产值	影响受灾经济损失
弱势群体比例	老人、小孩、残障人士等容易在灾害中受伤、死亡

3. 应急管理

在城市暴雨内涝灾害中，应急管理能起到一定作用（尽管不像在地震等巨灾中那样明显）。比较常用的应急管理指标见表 6.3。同样，实际应用时根据需要选取其中一部分即可。

表 6.3　暴雨内涝灾害的常用应急管理指标

指标	说明
排水系统水平	排水系统可以缓解城市内涝
人均 GDP	应急能力在一定程度上与经济水平相关
医疗水平	一些伤者（对于暴雨内涝主要是溺水）如果能及时救治可以减少死亡
应急避难场所密度	严重洪涝灾害可能需要应急避难场所
交通路网密度	交通路网密集有利于开展救灾

实际应用时，需要依据科学性、针对性、合理性、可靠性、可行性、数据的可获取性，以及定性与定量相结合等原则，选择需要使用的指标。

在暴雨灾害风险评估方面，本书利用文献调研、致灾因子数据挖掘、专家商讨等方法，并根据统计数据，建立了一套暴雨综合风险评估指标体系。指标体系从致灾因子危险性、承灾载体脆弱性和应急能力三个方面对暴雨综合风险评估指标进行构建。通过暴雨造成损失的数据挖掘与影响因子影响机理分析，构建了以致灾因子危险性、承灾载体脆弱性和应急能力为三个一级指标，大暴雨频率、最大 24h 降雨量、历史暴雨灾害频率、4~10 月平均降雨量、植被覆盖率、地势高度、地形坡度、土壤类型、农林牧渔业比例、人口密度、弱势群体比例、人均 GDP、应急避难所数量、公路线密度、医疗水平为 15 个二级指标的暴雨综合风险评估体系，如图 6.2 所示。通过综合风险评估指标体系，确定各影响因子影响极性，利用 Z-score 标准化，对各影响因子数值进行无量纲化处理。最终将各项影响因子指标分数进行线性叠加，得到最终风险分值。根据各区域风险分值情况，对被评测区域进行分析。针对不同的区域特点，风险分数，提出因地制宜的有效城市规划修正建议。

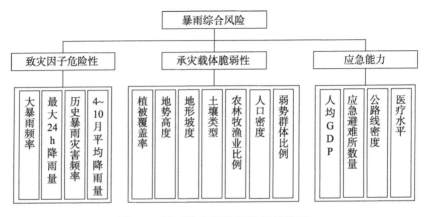

图 6.2　暴雨综合风险评估指标体系

6.3　基于指标体系的地面塌陷风险评估

近年来，随着我国经济水平的快速发展，岩溶发育地区地面塌陷灾害所造成的后果越来越严重，如唐山体育场的陷落倒塌，秦皇岛柳江建筑及交通工程被岩溶塌陷破坏，泰安铁路车站及京广铁路部分地段受岩溶塌陷影响发生列车停运（郑小战，2010），因此，岩溶塌陷的研究越来越受到重视。随着我国科技水平的提高，目前针对岩溶发育地区的安全性的研究逐渐由定性评价向定量评估发展。近年来，国内学者采用模糊综合评判法、迭置分析法（王洪涛等，1996）等对地面塌陷灾害进行了定量分析，为地面塌陷灾害的定量风险评估研究积累了经验。

6.3.1　基于信息量模型的地质灾害风险评估方法

地面塌陷（Y）受诸多因素（X_i）影响，各因素所起作用的大小、性质存在差异。对于地面塌陷灾害，需要找到对其发生具备最高"贡献率"的"最佳因素组合"。因此，对地面塌陷灾害进行的风险评估，不应只停留在单因素层面上，而应综合研究"最佳因素组合"。

使用信息量模型对地面塌陷灾害进行风险评估的具体计算过程如下（刘江龙等，2007）。

（1）单独计算各因素对地面塌陷形成（H）提供的信息量 $I(X_i|H)$

$$I(X_i|H) = \ln P(X_i|H) \cdot P(X_i) \tag{6.1}$$

其中，$P(X_i|H)$ 为塌陷发生条件下出现 X_i 的概率；$P(X_i)$ 为研究区内出现 X_i 的概率。式（6.2）是该方法的理论公式，在实际计算时往往用下列样本频率计算：

$$I_i = I(X_i|A) = \lg \frac{N_i/N}{S_i/S} \tag{6.2}$$

其中，$I(X_i|A)$ 为指标 X_i 为提供地面塌陷的信息量值；S 为评价区总单元数；N 为评价单元内已知地面塌陷破坏单元总数；S_i 为 X_i 的单元个数；N_i 为有指标 X_i 的地面塌陷破坏单元个数。

若 $N_i/N = S_i/S$，则 $I(X_i|A) = 0$，表示标态 A 不提供任何与塌陷形成相关的信息，即标态 A 的存在对塌陷不产生明显影响；若 $N_i/N < S_i/S$，则 $I(X_i|A)$ 为负值，表示标态 A 影响塌陷的概率低，$I(X_i|A)$ 越小，该标态对塌陷发生提供的信息越少；反之当 $I(X_i|A)$ 为正值时，表示标态 A 影响塌陷的概率较大，$I(X_i|A)$ 越大，对塌陷形成越有利。

（2）计算单个评价单元内的总信息量。每个评价单元内发生的塌陷都是多项因素综合作用的结果，这些因素都存在诸多不同状态。对单元内各因素提供的信息量求和，即可确定该单元的总信息量 I(评估地面塌陷危险性的综合指标)。

$$I = \sum_{i=1}^{P} I_i = \sum_{i=1}^{P} \lg \frac{N_i/N}{S_i/S} \qquad (6.3)$$

其中，I 为评价单元内的总信息量值；P 为作用于某一单元因素的总个数；N 为参评因子数。

（3）最后使用总信息量 I 作为该单元影响塌陷发生的综合指标，其值越大越有利于塌陷的发生。同时对 I 值进行统计分析找出突变点作为分界点，将区域分为若干个危险等级区。

6.3.2 基于信息量模型的地面塌陷风险评估实例

通过文献调研、专家咨询，结合某市 A 区的地质数据，确定了五个影响地面塌陷的因素作为一级指标。其中各一级指标下又分为多个二级指标，如图 6.3 所示。

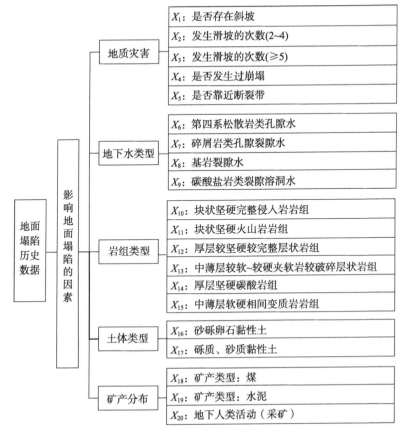

图 6.3 影响地面塌陷的因素类型

　　某市 A 区按行政规划，分为 15 个区域，按其面积，以 1 km² 为一个基本单元格，将 A 区划分为总共 2680 个单元格。根据已有数据，将影响地面塌陷的可能因素分为图 6.2 所示的 20 个指标。若对某子单元格，结果为肯定，则该因素 j 在此单元格 i 的信息量为 info(i,j)。

　　其中，X_1、X_4、X_5、X_{20} 各单独为一组，X_2、X_3 为一组（2 个因素），X_6~X_9 为一组（4 个因素），X_{10}~X_{15} 为一组（6 个因素），X_{16}~X_{17} 为一组（2 个因素），X_{18}~X_{19} 为一组（2 个因素），取其最小公倍数为 12。认为发生地面塌陷的区域影响面积为 12 个基本单元格。历史数据方面，A 区的地面塌陷共有 9 处。其中 g 镇 4 处、i 镇 3 处、h 镇和 n 乡各 1 处。即 570~617、1180~1215、874~885、2460~2471 这几个单元格发生了地面塌陷。

　　单独计算每个因素对地面塌陷形成提供的信息量：$I(X_i) = \lg \dfrac{N_i/N}{S_i/S}$。其中 $S = 60$ 为评价区的总单元数；$N = 9$ 为发生地面塌陷的总单元数；S_i 为出现因素 X_i 的单元数；N_i 为有指标 X_i 的地面塌陷破坏单元数。

　　根据曾发生地面塌陷的历史数据，以及各乡镇的地质结构信息，计算出各影响因素对地面塌陷形成提供的信息量，如表 6.4 所示。

表 6.4　地面塌陷各影响因素信息量值

因素序号	X_1	X_2	X_3	X_4	X_5	X_6	X_7	X_8	X_9	X_{10}
信息量值	0.221	0.045	0.397	0.699	0.273	0.318	0.699	0	0.443	−0.021
因素序号	X_{11}	X_{12}	X_{13}	X_{14}	X_{15}	X_{16}	X_{17}	X_{18}	X_{19}	X_{20}
信息量值	0.589	0.142	0.176	0.096	0.464	0.443	0.134	0.346	−0.380	0.221

　　然后计算 15 个行政区域的地面塌陷危险值：$\text{Hazard}_j = \sum\limits_{i=1}^{20} X_{ij}$，即将该区域存在因素的信息量相加，其和记为地面塌陷危险值。这个危险值越大，说明发生地面塌陷灾害的可能性越高。

　　表 6.5 列出了各个乡镇的地面塌陷危险性值。

表 6.5　某市 A 区各行政区域地面塌陷危险性值

行政区域	a 镇	b 镇	c 镇	d 镇	e 镇	f 镇	g 镇	h 镇
危险性值	2.0655	0.9606	0.273	0.5572	0.8416	0.0934	3.5347	2.0752
行政区域	i 镇	j 镇	k 镇	l 镇	m 乡	n 乡	o 乡	
危险性值	4.3675	1.8849	0.7967	0.5749	0.022	1.0575	0.9763	

城市台风事件链多灾种风险评估

7.1　台风事件链风险评估思路

台风事件链主要由台风、暴雨、内涝、滑坡、交通堵塞等多灾种组成。对由台风驱动，引发降水，降水引发城市内涝、降水影响区域性滑坡、降雨引发交通堵塞等的链式过程进行模拟、分析，基于突发事件演化动力学和数据挖掘等方法，开展多灾种风险评估。台风事件链风险评估集成思路见图 7.1。

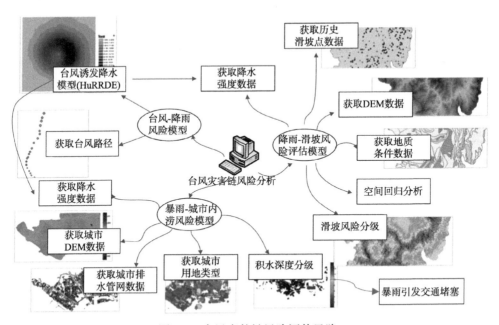

图 7.1　台风事件链风险评估思路

7.2　台风诱发暴雨事件链风险评估

目前针对台风灾害开展的风险评估工作，一般综合考虑台风灾害历史数据库、承灾体数据库、当下台风特征参数（如台风移动速度大小、方向等）、人口和社会经济发展等因素，在对评估指标进行归一化处理后，进行具体分析。随着数值天气预报技术的快速发展，可以通过数值天气模式对台风路径、台风强度、台风降雨等进行精细化预报，之后在此基础上进行风险评估。本节重点不在于探讨精细化的数值预报，为相对简便快速地对台风诱发降雨的过程进行预测评估，在采用相似路径法预测台风路径的基础上，研究了经验模型预测降雨强度和范围的方法。

7.2.1　基于相似路径法的台风路径预测方法

目前，存在许多用于预测台风移动路径的模型方法，如美国国家飓风中心-67型方法、哈屈拉克方法、桑德斯-帕比正压模式以及相似路径法(陈联寿和丁一汇，1973)；近年来，随着计算机科学技术的迅速发展，国内外学者开始将机器学习的方法应用于台风路径预测当中，如基于支持向量机模型的台风路径预测方法（Song et al.，2005）、基于人工神经网络的台风路径预测方法（Wang et al.，2011）以及基于深度学习的台风路径预测算法（徐光宁，2020）等。

其中，相似路径法作为一种经过系统实验，被广泛应用于实际业务当中的方法，具有良好的预测效果（陈联寿和丁一汇，1973）。因此，本节主要针对该方法进行介绍。

台风的移动路径是与台风灾害密切相关的诸多物理参数综合作用产生的结果。基于前期的路径相似样本，可以对台风的未来动向进行合理推断。这是相似法的基本观点（丁一汇和陈联寿，1979）。

我国中央气象台所设计的相似法，主要采用以下三个相似标准：季节相似，地理相似，移向移速相似（朱海燕，2005）。

（1）季节相似：季节反映了大气环流的气候特征。经试验规定，出现在台风所在旬及前后一旬内的台风样本，视为季节特征相似。该标准适用于 7、8、9 三个月，盛夏外的台风稀少季节，可适当放宽时段以增加样本。

（2）地理相似：具备相同季节特征的台风数据，如地理位置不同，则影响因子也存在差异，故相似台风需要地理相似（位置相似）。规定两台风之间初始距离符合以下标准视为地理(位置)相似：

$$d = \sqrt{\Delta\varphi^2 + \Delta\lambda^2} \leqslant 2.5 纬距 \tag{7.1}$$

其中，$\Delta\varphi$ 和 $\Delta\lambda$ 分别为两个台风的纬距和经距分量。

（3）移向移速相似：台风的移向移速参数是环境基本流场与台风内力相互作用的综合结果。考虑到移向在较短时间内的波动可能对预报结果造成较大影响，规定以 12 小时内台风平均移向为标准判定移向相似。

上述相似法中，地理相似只考虑了预报台风与台风资料间初始位置的距离大

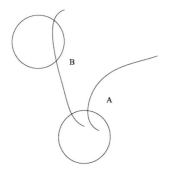

图 7.2　相似台风的确定

小，这样单一的物理参数并不能保证台风在后期移动过程中具有相似的路径，如图 7.2 所示，在预报台风过程中，如果只考虑地理相似，则 A 和 B 两条台风均满足地理相似条件，但实际两条台风的后期路径存在较大的差异；因此，在初始地理位置相似的基础上，还需要考虑台风在后续移动路径上的相似程度（空间相似），以图 7.2 为例，在同时考虑台风的地理相似和空间相似时，可以排除同预测台风空间相似程度较低的台风 B。

确定相似台风路径后，可根据实时路径与相似历史路径所构成的矩形面积（$S_{矩形}$）和阴影部分面积（$S_{阴影} = S_{M_1N_1P} + S_{PM_2N_2}$）的比值（图 7.3），确定预测台风与相似台风的空间相似度大小：

$$SSI = 1 - \frac{S_{阴影}}{S_{矩形r}}, \quad 其中 \ 0 < SSI < 1 \qquad (7.2)$$

其中，SSI 值越高，代表实时路径与历史路径具有越高的空间相似度。

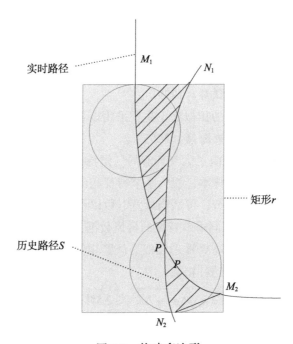

图 7.3　构建多边形

基于式（7.2）求得空间相似度值后，将该值作为预报中各相似路径所占的权重。可以对台风未来的移向和移速进行预测计算：

$$\begin{cases} \alpha = (1-\lambda)\sum_{i=1}^{n} M_i u_i + \lambda u_0, & \alpha \text{为未来} k \text{小时内台风移速} \\ \beta = (1-\lambda)\sum_{i=1}^{n} M_i k_i + \lambda k_0, & \beta \text{为未来} k \text{小时内台风移向} \end{cases} \qquad (7.3)$$

其中，λ 为实时路径自身已发生的运动过程对其未来移动所产生影响的重要程度，取 $0 \leqslant \lambda < 1$。M_i 为第 i 条相似路径对当前台风移速大小的影响权重，其计算方法如下（熊祥瑞等，2017）：

$$M_i = \frac{\text{SSI}_i}{\sum_{i=1}^{n} \text{SSI}_i} \qquad (7.4)$$

通过基于空间相似的相似路径法，设置台风相似路径的搜索条件，确定相似台风历史信息，可以更精准地开展台风的未来移动路径预测工作。

7.2.2　台风诱发降水模型

1. 模型原理

台风所诱发的降水天气，是后续引发渍涝和山洪暴发，最终形成灾害的主要原因。台风引发的降水成因复杂，且受多种因素影响，一般采用经验模型来计算。为计算台风影响区域内某点处由台风引发的降水，本节使用美国联邦应急管理局（FEMA）与国家建筑科学院（NIBS）联合研究的多灾种风险评估软件——Hazus中采用的模型——HuRRDE（Hurricane Rainfall Rate and Distribution Estimator）。

2. 模型简介

某位置处飓风引发的降水与该位置到飓风中心的距离有关。在离飓风中心 $R_{\max}$ 处，降水量最大。经过分析可得到飓风中心的距离与最大降水半径的比值 $R/R_{\max}$ 与降水量之间的关系如图 7.4 所示。

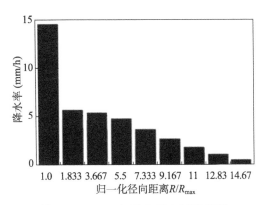

图 7.4　$R/R_{\max}$ 与降水量之间的关系

若直接将降水量 RR 表示为 R/R_{max}，则随着 R 增大，相应的误差也会急剧增大。因此，将降水量表示为 R_{max}/R 的函数：

$$RR = -5.5 + 110(R_{max}/R) - 390(R_{max}/R)^2 + 550(R_{max}/R)^3 - 250(R_{max}/R)^4 \quad （7.5）$$

为了使上面的经验公式对不同强度的飓风都适用，需要对其进行一些修正，不同的中心气压差对应不同的降水量：

$$RR_e = k \cdot RR \quad （7.6）$$

$$k = 0.00319\Delta p - 0.0395 \quad （7.7）$$

其中，中心气压差的单位为帕（Pa）。

中心气压差随时间的变化 dP/dt 不同时，降水量也不同：

$$RR_p = RR_e[(1 - dP/dt)/100] \quad （7.8）$$

其中，dP/dt 分正负，气压降低时为负，升高时为正。从式（7.8）可看出，降水量随着中心气压差的降低而升高。

飓风运动速度不同时，降水量也发生变化，且对距飓风中心一定距离的圆周上不同角度处的影响不同（详见表7.1）：

$$RR_{sp} = s \cdot RR_p \quad （7.9）$$

表 7.1　各个扇区的 s 值

角度范围/(°)	s 值（弱飓风）	s 值（强飓风）
0~45	1.45	1.15
46~90	1.05	1.15
91~135	0.55	1.35
136~180	0.65	1.15
181~225	0.85	0.85
226~270	0.95	0.65
271~335	1.15	0.80
336~359	1.35	0.95

将利用式（7.9）得到的降水量的预测值与实际的降水量进行比较后，发现两者之间还存在一定差异，因此，引入另外一个因子 MF 来修正。

$$MF = -0.7 \cdot \ln(R/R_{max}) + 1.0 \quad （7.10）$$

$$RR_{MFsp} = MF \cdot RR_{sp} \quad （7.11）$$

当 MF 的计算值>3 时，MF 取 3，当 MF 的计算值<0.2 时，取 0.2。此外，当中心气压差、中心气压差随时间的变化（dP/dt）以及飓风运动速度不同时，降水量也会改变。

3. 模型实现

本模型实现的基本思路如下。

（1）由 HuRRDE 模型计算台风影响区域内某点处由台风引发的降水。

（2）以台风中心为中心，在台风引发降水的区域内建立网格，在每个网格点处计算降水值，得到降水分布的网点图。

（3）利用网点图使用倒数距离插值法插值生成栅格。

（4）得到的栅格即可表示给定区域内由台风引发的降水量。

具体流程图如图 7.5 和图 7.6 所示。

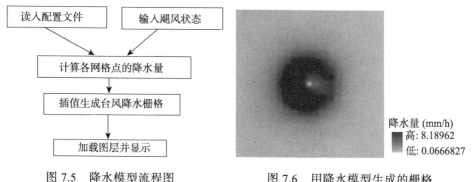

图 7.5　降水模型流程图　　　　图 7.6　用降水模型生成的栅格

7.3　降雨诱发滑坡事件链风险评估

7.3.1　国内外滑坡灾害风险评估研究现状

近年来，滑坡灾害风险评估逐渐成为滑坡灾害研究的热点之一。国内外诸多组织都开展了相关研究：国际滑坡协会提出了"2006 东京行动计划"、欧洲空间局资助的 SLAM 项目（Farina et al.，2006）使用光学图像与永久散射体技术耦合的方法研究了与边坡失稳和滑坡边界相关的地形特征，我国在《国家中长期科学和技术发展规划纲要（2006—2020 年）》中，也强调了利用 GIS、RS（remote sensing，遥感）等新技术和新方法开展滑坡灾害易损性评估与风险评估研究的必要性。降雨滑坡预测预报作为滑坡灾害研究中的重要方向，目前开展的相关研究从预报内容上可分为三类：时间预报、空间预报和强度预报。从研究方法上可分为统计方法、理论模型方法和统计学与理论模型的耦合方法（钟洛加等，2007）。

目前，我国也开展了部分区域性的地质灾害监测预警研究。例如，四川雅安以美国旧金山湾的经验为基础，初步建成了地质灾害监测预警试验区（刘传正等，2004）。浙江省建立了基于 Web-GIS 的地质灾害实时预警系统，该系统能够实现实时的预警预报，并根据近期气象条件，对当地可能遭受的突发性地质灾害进行概率预报（殷坤龙等，2003）。

7.3.2 区域滑坡危险性评价模型

为研究滑坡发生的概率与某些环境因素之间的关系，以 $x = (X_1, X_2, \cdots, X_{P-1})^{\mathrm{T}}$ 表示影响滑坡发生（将滑坡发生定义为事件 A）概率的因素，以 $\pi(x)$ 表示相应的概率，如果建立 $\pi(x)$ 与 $x = (X_1, X_2, \cdots, X_{P-1})^{\mathrm{T}}$ 之间的某个函数关系：

$$\pi(x) = f(X_1, X_2, \cdots, X_{P-1}) \tag{7.12}$$

则依此可研究 x 与 $\pi(x)$ 间的依赖关系。但是 $\pi(x)$ 取值在 0 与 1 之间，因此必须对 $f(X_1, X_2, \cdots, X_{P-1})$ 加以限制，使其取值在 0 与 1 之间，才有可能建立 $\pi(x)$ 与 $f(X_1, X_2, \cdots, X_{P-1})$ 之间合适的关系。或者等价地，对 $\pi(x)$ 加以变换，使当 $\pi(x)$ 在 0 与 1 之间取值时该函数的值域为 $(-\infty, +\infty)$，这样可以取 $f(X_1, X_2, \cdots, X_{P-1})$ 为一些常用的函数（如线性函数、多项式函数等）。通常对 $\pi(x)$ 作如下变换：

$$\theta[\pi(x)] = \ln\left(\frac{\pi(x)}{1 - \pi(x)}\right) \tag{7.13}$$

当 $0 < \pi(x) < 1$ 时，$-\infty < \theta[\pi(x)] < +\infty$，这时可令

$$\ln\left(\frac{\pi(x)}{1 - \pi(x)}\right) = f(X_1, X_2, \cdots, X_{P-1}) \tag{7.14}$$

在实际应用中，$f(X_1, X_2, \cdots, X_{P-1})$ 的选择具有很大的灵活性，但应用最为广泛的一种形式是取其为 $X_1, X_2, \cdots, X_{P-1}$ 的线性函数，即取

$$f(X_1, X_2, \cdots, X_{P-1}) = \beta_0 + \beta_1 X_1 + \cdots + \beta_p X_{p-1} = \beta_0 + \sum_{k=1}^{p-1} \beta_k X_k \tag{7.15}$$

这时，

$$\ln\left(\frac{\pi(x)}{1 - \pi(x)}\right) = \beta_0 + \sum_{k=1}^{p-1} \beta_k X_k \tag{7.16}$$

或

$$\pi(x) = \frac{\exp\left(\beta_0 + \sum_{k=1}^{p-1} \beta_k X_k\right)}{1 + \exp\left(\beta_0 + \sum_{k=1}^{p-1} \beta_k X_k\right)} \tag{7.17}$$

称上面两式为线性 Logistic 回归模型，或简称 Logistic 回归模型。

Logistic 回归模型的计算步骤如下。

（1）参数估计，同所有的线性回归模型一样，要利用 Logistic 模型研究事件 A 发生的概率 $\pi(x)$ 与变量 $x = (X_1, X_2, \cdots, X_{P-1})^{\mathrm{T}}$ 之间的关系，首先要利用观测数据对

模型中的参数 $\beta = (\beta_0, \beta_1, \cdots, \beta_{p-1})^T$ 作估计。采用最大似然估计和相应的牛顿-拉弗森（Newton-Raphson）迭代算法，求解参数 β 的估值 $\hat{\beta} = (\hat{\beta}_0, \hat{\beta}_1, \cdots, \hat{\beta}_{p-1})^T$。

（2）统计检验，计算 K^2 的观测值，判断所选的因素的显著性。

（3）得到参数的极大似然估计、标准差等有关量。

（4）由参数估计结果得到回归方程；把整个区域的影响因子数据代入回归方程，计算得到概率，对概率进行分区后制图。

7.3.3　基于降雨的滑坡灾害危险预警原理

降雨型滑坡预警与区域性滑坡存在较大的关联，同一地区，不同危险性等级的滑坡灾害对同一降雨过程的反应并不相同。降雨型滑坡灾害预警是在区域性滑坡灾害危险性区划的基础上，将降雨因子作为一个动态性的滑坡诱发因子纳入危险性分析，判断一定时间内（如 24h）分析区域是否有滑坡发生的危险，是否需要进行预警防范。

诱发滑坡发生的降雨因子需要选取和滑坡的发生最为相关的因子，一般方式是先收集研究区域内降雨资料和滑坡资料，选取具有滑坡发生时间信息的滑坡点作为分析样本，以滑坡发生的次数和降雨因子为自变量，进行相关性分析。然后选取相关分析得到的曲线的拐点，作为降雨因子诱发不同危险性等级滑坡发生的阈值。通过阈值将降雨量划分为不同危险等级，综合降雨量危险等级和区域性滑坡危险等级，得到降雨型滑坡灾害的预警等级。

根据历史文献资料，对于非台风区，可以选取当日降雨量作为有效的降雨因子，进行降雨型滑坡灾害预警分析，对应阈值如表 7.2 所示。

表 7.2　当日降雨量阈值与危险等级

降雨阈值	低危险性	中危险性	高危险性
当日降雨量/mm	0～90	90～150	≥150

根据不同的降雨量和不同的滑坡危险性等级，可以确定预测预警等级，如表 7.3 所示。

表 7.3　降雨型滑坡预警等级

区域性滑坡危险性等级	降雨量危险性等级		
	低危险性	中危险性	高危险性
极高危险区	4 级预警	5 级预警	5 级预警
高危险区	3 级预警	4 级预警	4 级预警
中危险区	2 级预警	3 级预警	4 级预警
低危险区	1 级预警	2 级预警	3 级预警
极低危险区	1 级预警	1 级预警	2 级预警

预警等级含义、对应的灾害发生可能性及防御措施如表 7.4 所示。

表 7.4 预警等级含义及防御措施

预警等级	滑坡发生情况（24h 内）	防御措施
1 级蓝色预警	滑坡发生可能性极小	不采取措施
2 级绿色预警	滑坡发生可能性较小	启动重要灾害隐患点的群测群防工作
3 级黄色预警	滑坡发生可能性中等（注意）	注意对灾害点的监测，采取防御措施，提醒灾害危险区内的人员关注灾害动态
4 级橙色预警	滑坡发生可能性较大（预警）	应加强对灾害点的监测，对灾害危险区应开展预防应急措施
5 级红色预警	滑坡发生可能性极大（警报）	应全天候对灾害点进行监测，建立防御措施和救灾体系、组织紧急疏散通道等

7.3.4 滑坡灾害易损性评估原理

易损性研究是滑坡灾害研究中的重要问题之一，是滑坡的物理脆弱性和社会脆弱性两方面的结合。相同强度的滑坡灾害，对于不同的人群和社会单元体等具有不同的易损性。目前可将研究目标分为区域滑坡灾害风险评价和单体滑坡灾害风险评价两类。区域滑坡灾害风险评价是针对一个区域进行研究，单体滑坡灾害风险评价是针对个人或单栋建筑进行研究，一般用于精细的风险分析。本节研究的是区域滑坡灾害风险评价。

当前主流的易损性评估模型是半定量形式，采用模糊层次分析法（即层次分析法和模糊综合评判法的综合方法），基于历史统计数据，对各个影响因子进行分析。易损性评估内容包括人口易损性评估、经济易损性评估和社会易损性评估等。人口易损性的影响因子包括人口年龄结构、受教育程度、人口密度等；经济易损性考虑的影响因子包括建筑物、公路、土地资源等；社会易损性考虑的影响因子包括应急能力、社会福利、医疗水平等。综合影响因子分别得到人口、经济、社会易损性区划图。按照分级标准分为极低易损性、低易损性、中易损性、高易损性和极高易损性五个等级。

7.3.5 滑坡灾害承灾体价值评估原理

承灾体的价值是评估滑坡灾害风险的重要组成部分，为衡量滑坡灾害风险的程度，需要对灾害影响范围内的承灾体进行价值评估。承灾体价值评估可以分为经济损失评估和非经济损失评估（如人口伤亡评估等）。

易损性和承灾体价值评估评定的对象都是承灾体，但是并不相同。易损性评估的是承灾体被损坏的容易程度，承灾体价值评估评定的是承灾体的经济或非经济损失的多少。很多研究者将承灾体价值也纳入易损性，其实，这是不科学的。

以建筑物为例，由于结构等因素，某个建筑物可能比较容易被外界力量摧毁，脆弱性比较强，但是，并不能因此认定该建筑的价值也高，很可能它只是经济价值不高的简单草屋工具房。

滑坡承灾体价值评估可以分为人口评估和经济价值评估。人口评估通过人口密度反映。经济价值评估需要综合建筑、公路、土地资源等一系列承灾体的价值，以行政区为单位，统计区域内各类承灾体的数量及单价，并计算各行政区内的总价值，加入面积因素，得到该区域的经济密度。

7.3.6　某区域滑坡灾害危险性评价

滑坡灾害风险评估选取 GIS 技术和指标体系两者相结合的风险建模与评估方法。以 GIS 为技术基础，根据指标体系确定评估因子，选取二元逻辑回归模型作为建模方法，进行危险性评估。

1. 数据来源及预处理

收集研究区域内数据的流程包括以下三个方面。

1）数据需求分析

通过滑坡灾害风险来源的理论研究，考虑 A 区滑坡灾害的实际情况，确定区域性滑坡灾害的影响因子为地形地貌、地质类型、水系、交通、土地利用类型。引入当日降雨量之后，可以进行降雨型滑坡灾害的预警。

2）数据采集

根据研究需要，采集获取到的数据如表 7.5 所示。

表 7.5　数据需求表

编号	图层	数据说明	比例尺	格式
1	滑坡点	滑坡空间数据		
2	等高线	等高线数据		
3	地质	沉积岩、岩浆岩、变质岩和其他共四类	1：10 万	
4	水系	河流、湖泊、水库、沼泽地、海岸线等数据		MapGIS
5	交通	铁路、公路等		
6	行政区	A 区行政区划界线		
7	地类	林地、草地、耕地、城乡工矿居民用地、水域和未利用土地共六类	1：1 万	
8	降雨	模拟降雨32个监测站点和生成降雨量数据	1：10 万	ArcGIS

3）数据转换处理

获取数据后，还有数据源不统一、数据格式不同、数据范围不符合条件、数据错误等一系列问题需要处理。

（1）数据转换。通过 MapGIS 和 ArcGIS，将数据源为 MapGIS 格式的数据转换为 ArcGIS 数据。

（2）图像拼接和裁剪。原始数据并不是一幅完整的 A 区范围的数据，而是按照经纬度划分成了 128 个格网数据，需要通过 ArcGIS 的数据处理功能，将这些小格网拼接成一整幅数据。需要分析的是 A 区行政区内的数据，对于超出边界的部分，通过裁剪去掉。

（3）空间校正。通过空间校正，将来自不同数据源的数据参数修正到同一比例尺和图幅下。

（4）数据整饬。对数据进行拓扑检查，以防错误的拓扑导致的数据处理出错或分析结果出偏差，并对出错数据进行几何修复。

2. 基于 Logistic 的滑坡危险性评估

按照逻辑回归模型计算出研究区域所有网格的滑坡危险度值。即为基于各个滑坡影响因子进行滑坡危险度的评估结果，然后需要将结果划分为五个等级。

关于划分等级，目前国内外对危险度分级标准没有一个统一的划分方法或评价准则，一般选用的分级方法由研究者根据实际情形自行判断。GIS 软件自带了几种分类方式，可以用于分级显示。这几种方法依次是手动、等间隔、自定义、百分位、自然断点、几何间隔和标准差。其中手动和自定义间隔分类主观性比较强，在没有统一标准的情形下不适合直接用于分级；等间隔和几何间隔法比较注重数字或几何形式上的统一，对分级并没有太大的指导意义；百分位法会将概率数值间隔拉开比较大，标准差法不方便调整等级划分数目，也不是理想的分级方法；在这个分析中，自然断点法克服了上面的一些问题，比较适用于滑坡灾害危险性等级的分类。按照 Logistic 法，滑坡灾害危险性等级可分为极低危险区、低危险区、中危险区、高危险区、极高危险区五类，如表 7.6 所示。

表 7.6 基于 Logistic 法的危险区划结果评估表

危险等级	面积比例 a	滑坡点数目	滑坡点比例 b	相对比率 b/a
极低危险区	15.05%	0	0.00%	0.00
低危险区	24.79%	8	25.71%	1.04
中危险区	27.50%	7	22.58%	0.82
高危险区	21.93%	9	29.03%	1.32
极高危险区	10.74%	7	22.58%	2.10

基于逻辑回归模型得到的 A 滑坡危险区划图的结果是否可靠,需要进行检验。传统的方法一般通过检验模型回归系数和检验值进行判断，这样并不能很好地反

映结果的好坏。这更多地反映了采样点数据与模型的拟合度，而对评估预测本身的优劣反映得不是很多。所以，在这里对原始采集的滑坡点进行统计分析，查看落在各个危险等级的数量，以及各个危险等级所占总面积的份额，通过分析，高危险区和极高危险区的滑坡点的密集度高于其他区，这两个等级占总研究区的32.67%，归并的滑坡点比例约为52%。

3. 降雨型滑坡预警等级区划

降雨型滑坡预警等级区划是在区域性滑坡危险性分析的基础上进行的。降雨是滑坡发生的一个诱发因子，降雨本身具有一定的可预测性，因此，可以根据历史研究经验，探究出滑坡易发地与降雨量的关系，寻找出引发滑坡发生的降雨量阈值。当滑坡危险区的降雨量达到这个阈值时，就可以进行相应等级的预警，提前做好防范措施。一般来说，降雨量值都是每日实时更新的，具有较强的动态性，这对滑坡危险性分析的实时性是很有意义的。具体分析流程如下。

1）数据处理

首先准备好滑坡危险区划图，作为分析底图（由于地理加权回归模型得到的评估图精度高于逻辑回归模型得到的评估图，将以基于地理加权回归模型得到的危险区划图进行分析）。然后，以某一天为例，收集 A 区各个降雨量观测站的降雨量值。采用克里金插值法得到 A 区整个区域的降雨量分布情况。根据历史经验得到的当日有效降雨量阈值 $A_1=90\text{mm}$，$A_2=150\text{mm}$，将降雨量划分为三个不同的降雨量等级。

2）预警等级区划

将滑坡危险区划图和降雨危险等级图做一个叠加分析，得到综合滑坡危险和降雨量诱发危险的图，并按照基于降雨的滑坡灾害预警原理中的预警等级划分标准，重新划分为五个等级，即为当天的降雨型滑坡预警等级区划图。

4. 易损性评估

滑坡灾害的承灾体对象多且复杂，本节选取人口和经济两个因素进行易损性评估。

1）人口易损性

A 区是某市下面的一个小区，属于中等比例尺尺度下的研究，因此易损性的评价需要比较精细的数据。然而，由于现实情况，并未能采集到符合要求的数据。理论上可以通过小区域人口估算法进行各个镇人口的粗略估算。但是由于时间精力及该方法是否可行的不确定因素等，暂时没有进行这方面的估算。

考虑 A 区的实际情形，将人口易损性以镇为单位定为 0.15～0.35 的分布。

2）经济易损性

经济易损性的评估需要考虑交通道路、耕地、建筑等分析因子，评估各个因子对滑坡灾害的防御抵抗能力和灾后重建的恢复能力，以此确定各自的易损性。然后综合为经济易损性。

考虑 A 区的实际情形，将经济易损性以镇为单位定为 0.1～0.6 的分布。

5. 承灾体价值评估

选取人口和经济两个因素进行承灾体的价值评估。

人口价值评估基于评估区人口密度评定。查阅该地区 2012 年统计年鉴资料，整个 A 区的人口密度为 205.5 人/km^2。为方便计算，设置 A 区内各个镇的人口密度符合 0.8～1.2X 的随机分布。

承灾体的经济价值评估包括受到损害的交通道路、耕地、建筑等的经济损失情况。综合考虑这些因子，可以计算得到研究区内的经济价值密度。经济价值评估基于研究区内经济价值密度评定。整个 A 区的经济价值密度为 B，每个镇的经济价值密度分布在 0.5～1.5B 范围内。

6. 风险评估

人口的风险评估以评估滑坡灾害导致的伤亡人数确定。经济风险评估以评估造成的直接或间接损失确定。

根据风险评估公式，人口风险为滑坡危险性、人口易损性和人口密度三者的乘积，得到 A 区滑坡灾害人口风险，并划分为五个等级，根据风险评估公式，经济风险为滑坡危险性、经济易损性和经济价值密度三者的乘积，得到 A 区滑坡灾害经济风险，并划分为极低风险区、低风险区、中风险区、高风险区、极高风险区五个等级。

7.4 暴雨内涝交通堵塞事件链风险评估

近年来，由于快速城市化以及气候变化等，包括强降雨在内的极端灾害性气象事件的频率和强度都在增长，导致城市降雨积水现象日趋频繁。城市降雨积水会导致出行不便，并造成安全隐患。严重的降雨积水还会导致城市内涝灾害，造成经济损失甚至人员伤亡。国务院相关部门的统计显示，仅 2011～2014 年，我国就有超过 360 个城市遭遇内涝，一些城市甚至发生了造成伤亡的严重内涝。2012 年 7 月 21 日,北京市特大暴雨及其次生衍生灾害造成 79 人死亡，经济损失约 116.4 亿元。城市是一个复杂的整体，为了提高城市对降雨积水的防御能力，必须进行科学的评估，制订治理方案，在方案指导下进行施工改造。表面上看，城市降雨积水可以沿用洪涝灾害的数值模拟模型。然而，相比普通的洪涝灾害，城市降雨积水具有水深较浅、更易受地形影响的特点，对数值模拟提出了新的要求。

因此，本节开展了城市降雨积水对道路交通影响的模拟研究，建立了城市降雨积水对道路交通影响的模拟方法。模型分为道路积水模型、驾驶员行为模型、交通模拟模型三部分，开展了理想算例研究，分析了降雨积水对交通状况的影响与降雨、地形、排水等因素的关系，针对实际街区进行了实证研究，得出了给定降雨情景下的积水情况和交通状况，分析了积水减缓措施对降雨积水情况下交通状况的改善效果。结果显示，积水减缓措施在降低积水深度的同时，也在一定程度上改善了交通状况。

城市暴雨灾害系统作为典型的城市自然灾害系统之一，学术界对其研究的理论框架，分析思路与评价方法等诸多方面尚很薄弱，亟待进一步完善。本章以"暴雨—内涝—交通堵塞"事件链为主要研究对象，分析暴雨引发城市内涝的动力学演化过程，获得暴雨情景下的城市街区积水分布；分析积水深度和暴雨能见度对驾驶员驾驶行为的影响，通过交通流仿真分析城市交通通行率，形成基于暴雨内涝演化动力学的"暴雨—内涝—交通堵塞"事件链的综合风险评价方法。最终编制软件，对某地区的暴雨事件链多灾种风险进行了评估。

7.4.1　暴雨内涝风险评估

1. 城市暴雨内涝风险评估方法

目前，针对暴雨内涝灾害的风险评估方法主要可分为三类：历史灾情法、指标体系法、情景模拟法。下面对这几种方法逐一进行介绍。

1）历史灾情法

历史灾情法的原理比较简单，可以绕过复杂的洪水的演进及致灾过程，直接对历史灾情数据进行统计，得出规律，对洪水进行风险分析。有一些使用历史灾情法进行洪涝灾害风险评估的例子。例如，李吉顺和王昂生（2000）基于历史灾情数据对全国暴雨洪灾的危险性进行了评估。杜鹃等（2014）基于湖南省 1978～2007 年的历史灾害事件记录，对暴雨洪涝灾害所造成的直接经济损失进行概率风险评估。Benito 和 Thorndycraft（2005）综合古代洪水信息（100～10000 年）、历史洪水数据（1000 年）以及水文站数据（30～50 年），将这些系统的和非系统的数据进行了调整与融合，提出了基于历史洪灾数据的洪水风险评估方法，并将其应用于欧洲国家。Nott（2003）提出将长时间序列的历史洪水资料作为评估区域洪涝灾害风险的重要参考依据。

历史灾情法是一种客观、定量的风险评估方法，不受人为因素干扰。不过，这类方法需要大量历史数据积累才能得出比较可靠的结果。而且，这类方法无法对之前从未发生过的非常规突发事件进行预测，在目前极端天气频发的条件下效果受到局限。此外，与河流洪水不同，城市内涝相关的灾情数据记录很少，因此历史灾情法并不适合于城市暴雨内涝灾害风险评估。本书对历史灾情法不做详细介绍。

2）指标体系法

指标体系法首先分级列举指标，然后确定指标的权重，最后代入数据计算风险值，相关的研究有很多。例如，李军玲等（2010）在分析洪灾形成的各主要因子的基础上，提出了基于地理信息系统的洪灾风险评估指标模型。莫建飞等（2012）以自然灾害风险评估理论和方法为指导，遥感本底数据、气象数据、基础地理信息数据、社会经济数据为基础数据，构建了广西农业暴雨洪涝灾害风险评估指标体系。张会（2007）以辽河中下游地区为研究对象，基于 GIS 技术和自然灾害风险评估方法，从气象学、地理学、灾害科学、环境科学等学科观点出发，提出了洪涝灾害风险指数。马定国等（2007）以乡镇为基本研究单元，选取多种指标，对鄱阳湖区农户洪灾脆弱性程度进行了定量研究。蒋新宇等（2009）以黑龙江省内的松花江干流流域作为研究区，从现代灾害风险理论出发，综合运用 GIS 空间分析和灾害风险评估数学方法，对松花江干流流域的暴雨洪涝灾害风险进行了定量评价。李谢辉等（2009）依据灾害系统理论，利用 GIS 方法，综合分析了渭河下游对洪水灾害有影响的各种因素，从自然和社会属性两个方面对洪灾风险进行了综合评价和分析。

3）情景模拟法

情景模拟法给出灾害情景（对于城市内涝灾害是暴雨情景，主要是降水的时空分布），然后使用计算机模拟等手段估计灾害演进过程（对于城市内涝灾害，主要是积水深度的时空分布，少数研究中还涉及水流速度）和造成的损失。情景模拟法大致可以分为两步，第一步是灾情模拟，即根据灾害情景和研究区域数据进行模拟，得出灾害演进过程；第二步是损失估计，即根据研究区域数据以及得到的灾害演进过程评估灾害损失。

目前，损失估计的基本方法是通过调研等找出建筑物等承灾载体的损失率与淹没水深等因素之间的关系，建立脆弱性曲线（也称为灾害-损失曲线）。根据脆弱性曲线可以由水深估算因灾损失率，从而计算地区灾害损失。国外对洪涝灾害脆弱性曲线的研究很多，其中最具代表性的是 HAZUS-MH 中的脆弱性曲线。HAZUS-MH 自带脆弱性曲线库，进行风险评估时要根据实际环境从中选择，进行建筑损失的计算。HAZUS 是美国建筑物的脆弱性曲线，虽然有很大借鉴意义，但与国内情况还是有一定差别，例如，美国建筑物中地下室所占比例较大，国内普通建筑几乎没有地下室；美国的建筑物中别墅较多，因此木制建筑占不小的比例，这在中国也是不常见的。因此，并不建议在国内应用时照搬 HAZUS-MH 中的脆弱性曲线。针对这一问题，国内也有学者根据国内实际情况进行研究，例如，殷杰等（2009）根据上海市暴雨淹没损失数据库建立了脆弱性曲线。进行损失估计时，需要注意的一个细节是，实际中建筑物内地面与室外地面有一定的高度差，因此脆弱性曲线中的建筑物淹没深度并不直接等于积水深度，而是等于积水深度减去建筑物的地基高度。

2. 基于计算机模拟的洪涝灾害灾情模拟方法

尽管损失估计的方法比较固定，灾情模拟的方法多种多样。随着计算机技术的飞速发展，基于计算机模拟的洪涝灾害灾情模拟方法已受到普遍关注。目前，关于洪涝灾害计算机模拟的研究方法基本上可以分为两类：非水力学方法和水力学方法。

1）非水力学方法

非水力学方法不求解水力学方程，而是依靠水量守恒等条件进行近似处理，代表方法是无源淹没和有源淹没。无源淹没凡是高程值低于给定水位的点，皆计入淹没区中，相当于整个地区大面积均匀降水的情形，所有低洼处都可能积水成灾。有源淹没需考虑"流通"淹没的情形，即洪水只淹没它能流到的地方，相当于高发洪水向邻域泛滥，如洪水决堤或局部暴雨引起的暴涨洪水向四周扩散。无源淹没的情况分析起来比较简单，因为它不涉及区域连通、洼地合并、地表径流等复杂问题。有源淹没情况比较复杂，水流受到地表起伏特征的影响，即使处在低洼处，也可能由于地形的阻挡而不会被淹没。有源淹没涉及水流方向、地表径流、洼地连通等情况的分析。殷杰等（2009）将无源淹没法应用于城市暴雨内涝模拟，模拟了上海市静安区在不同重现期 1 小时暴雨情况下的积水分布情况，并结合灾害损失曲线，估算了经济损失情况。其中使用了等体积法计算积水水位，假设一个水位高程，计算积水总体积，若该体积小于降雨体积，提高水位高程，反之降低水位高程，直到积水体积与降雨体积足够接近，得到积水水位。李天文等（2005）使用有源淹没和无源淹没两种方法对渭河下游洪水淹没进行了模拟并对比了结果。通过三维可视化技术，演示了洪水泛滥时的动态淹没过程。

非水力学方法计算速度快，但无法考虑降雨汇流的具体过程，不能模拟水流过程，结果精度低。

2）水力学方法

水力学方法基本上可以按照控制方程的维度分为三类：一维水力学方法、二维水力学方法、三维水力学方法。

一维水力学方法将城市地表和地下径流简化为一维网络问题，再进行求解

（一般基于圣维南方程组）。目前有许多成熟的一维城市降雨径流模型。例如，SWMM（storm water management model，暴雨洪水管理模型）由美国 EPA（Environmental Protection Agency，环境保护署）开发，诞生于 1971 年，历经多次升级，在世界范围内广泛应用于城市地区的暴雨洪水、合流式下水道、排污管道以及其他排水系统的规划、分析和设计，在其他非城市区域也有广泛的应用。ILLUDAS（Illinois Urban Drainage Area Simulator，伊利诺城市排水区域模拟）由美国伊利诺伊州水资源调查局（Illinois State Water Survey）于 1974 年开发，模型侧重地表径流和下渗的计算，管网水流计算方法比较简单。国内也有类似的模型，如岑国平等提出的城市雨水管道计算模型。尽管一维水力学方法在排水管网等问题上取得了巨大成功，但一维模型的本质使得它不适合模拟地表二维的积水。

二维水力学方法一般基于浅水方程组，可以较精确地反映积水分布的时空变化，而且计算量可以接受，因此在洪涝灾害模拟中应用广泛。20 世纪 90 年代以来，诞生了一些成熟的工程应用模型。O'Brien 等（2004）于 1993 年建立了 FLO-2D 模型。它使用有限差分法求解扩散波方程（忽略惯性项的浅水方程）或运动波方程（忽略压差项的浅水方程），可以用于二维洪水和泥石流的数值模拟。该模型已经实现商业化，形成了一套全面、快速、用户友好的水利学软件。Bates 和 De Roo（2000）开发了简化二维洪水模型 LISFLOOD-FP。该模型是 LISFLOOD 模型的一个扩展，增加了求解扩散波方程的能力。LISFLOOD-FP 模型可以很好地与 GIS 系统相结合，虽然算法做了大幅简化，但在大尺度模拟情况下误差很小。Hunter 等（2005）以英国 Glasgow 市一片 1.0 km × 0.4 km 的密集城市区域为例，建立了高精度地形模型并使用六种二维水利学模型（DIVAST、DIVAST-TVD、TUFLOW、JFLOW、TRENT 和 LISFLOOD-FP）对 2002 年 7 月 30 日发生的洪水进行了模拟。结果显示，模拟误差与地形数据误差属于同一量级，扩散波模型守恒性比全浅水方程模型的好，但后者能展示更多细节。同时，一个有趣的现象是，在 2 m 网格分辨率的情况下扩散波模型消耗的计算时间比全浅水方程模型的长，虽然前者控制方程比后者简单得多。Hunter 等（2005）对于这一现象的进一步研究表明，忽略惯性项的情况下，直接显式求解二维水力学方程会导致时间步长较大时出现棋盘震荡（chequerboard oscillation）现象，严重限制了时间步长的大小，影响了计算效率。城市暴雨内涝模拟迫切需要一种既符合实际又方便使用的建筑物处理方法。总之，二维水力学方法在洪涝灾害数值模拟中应用十分广泛，但在细节上还存在一些问题。

三维水力学方法主要是求解纳维-斯托克斯（Navier-Stokes）方程组，可以反映水的三维流动细节。城市洪水水流由于建筑物等的阻碍作用，水流流态通常比较动荡多变，使用高雷诺数的湍流模型进行模拟是必要的。三维的城区洪水数值模型多数都是基于求解三维雷诺平均方程构建的，湍流模式通常选用形式简单精度尚可的两方程 k-ε 模型。对于三维数值模型来说，水深不是一个显式的变量，需要通过额外的特殊计算方法获得自由表面。近年来广泛应用于捕捉水流自由表面的方法主要有：PIC（particle in cell）方法、MAC（marker and cell）方法、VOF（volume of fluid）方法和 LSM（level-set method）方法。三维水力学方法结果精确，但计算量过大，一般只能用于理论研究，难以在工程中应用。

情景模拟法可以十分精确地获得给定情景下的灾害演进过程和损失情况。然而，如何根据当地气象情况合理设置各种情景并对风险情况进行综合分析，仍然是值得研究的问题。

3. 模型建立

基于情景模拟法，建立了一种符合城市内涝特点的暴雨极端天气风险评估模型，如图 7.7 所示。该评估模型中数值模拟部分为基于浅水波方程组扩散波近似的城市降雨积水数值模拟模型——UPFLOOD（Urban Pluvial FLOOD）。

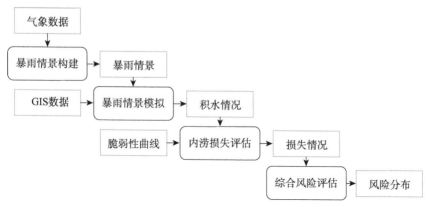

图 7.7　基于情景模拟的城市暴雨内涝风险评估模型

二维浅水方程组如下：

$$\frac{\partial d}{\partial t}+\frac{\partial q_x}{\partial x}+\frac{\partial q_y}{\partial y}=0 \tag{7.18}$$

$$\frac{\partial q_x}{\partial t}+\frac{\partial\left(\dfrac{q_x^2}{d}+\dfrac{gd^2}{2}\right)}{\partial x}+\frac{\partial\left(\dfrac{q_xq_y}{d}\right)}{\partial y}=-gd\left(\frac{\partial z}{\partial x}+S_{fx}\right) \tag{7.19}$$

$$\frac{\partial q_y}{\partial t}+\frac{\partial\left(\dfrac{q_y^2}{d}+\dfrac{gd^2}{2}\right)}{\partial y}+\frac{\partial\left(\dfrac{q_xq_y}{d}\right)}{\partial x}=-gd\left(\frac{\partial z}{\partial y}+S_{fy}\right) \tag{7.20}$$

其中，t 为时间，s；x 为空间坐标，m；d 为水深，m；z 为地面高程，m；q_x、q_y 为单位宽度流量 q 的 x、y 分量，m^2/s；g 为重力加速度（$=9.8\ m/s^2$）；S_{fx}、S_{fy} 为摩擦斜率 S_f 的 x、y 分量。

城市降雨积水中，水深较浅，流速较低，Re 数通常不大，流动主导因素是重力和黏性，惯性的作用相对较小。另外，在浅水方程中考虑惯性项会在水深较浅、阻力项较大时引入不稳定性（Bates et al.，2010）。本书关注的正是水深较浅的降雨积水情况。一些考虑惯性项的模型中为了降低这种不稳定性，都对阻力项使用了一些近似方法进行处理（Bates et al.，2010；Liang et al.，2007），这些近似不可避免地会在阻力上引入误差。而且这些处理方法大多针对 Manning 阻力公式，难以套用到 Darcy-Weisbach 阻力公式上。综上所述，本节针对城市降雨积水中的浅层地表径流的特点，选用了对阻力项处理有优势的扩散波模型。

浅水方程组的扩散波近似如下：

$$\frac{\partial d}{\partial t}+\frac{\partial q_x}{\partial x}+\frac{\partial q_y}{\partial y}=0 \tag{7.21}$$

$$\frac{\partial h}{\partial x}=-S_{fx} \tag{7.22}$$

$$\frac{\partial h}{\partial y}=-S_{fy} \tag{7.23}$$

其中，h 为水面高程，m，$h=z+d$。转化为矢量形式：

$$\frac{\partial d}{\partial t}+\nabla\cdot q=0 \tag{7.24}$$

$$\nabla h+S_f=0 \tag{7.25}$$

其中，$q=(q_x,q_y)=(dV_x,dV_y)$ 为单位宽度流量矢量，m^2/s；$S_f=(S_{fx},S_{fy})$ 为摩擦斜率矢量。由于摩擦阻力必然与水流方向反向，摩擦斜率矢量 $|\vec{S_f}|$ 必然与流速矢量 V 同向，因此可认为 $S_f=|S_f|\cdot\dfrac{V}{|V|}$。其中 $|S_f|$ 是 S_f 矢量的大小，有不同计算方法，比较常见的是 Manning 公式（7.26）和 Darcy-Weisbach 公式（7.27）。

$$|S_f|=\frac{f}{8g}\cdot\frac{|V|}{d} \tag{7.26}$$

$$|S_f|=\frac{n^2|V|}{k^2d^{4/3}} \tag{7.27}$$

由式（7.25）可推导出：

$$\nabla h=|S_f|\cdot\frac{V}{|V|} \tag{7.28}$$

左边矢量与 ∇h 同向，右边矢量与 V 反向。两边相等，说明两边同向，所以 V 与 ∇h 反向，因此有

$$V = -|V| \cdot \frac{\nabla h}{|\nabla h|} \tag{7.29}$$

同时，两边大小也相等：

$$|\nabla h| = |S_f| \tag{7.30}$$

该方程左边不含 V，右边是 V 的函数，可以解出 V。在使用 Manning 公式的情况下，该方程的解析解为

$$|V| = \frac{k|\nabla h|^{1/2}\, d^{2/3}}{n} \tag{7.31}$$

在使用 Darcy-Weisbach 公式的情况下，该方程也可以求解。首先，根据 Yen（2002）的研究并进行适当简化，得到 Darcy 系数的简化计算公式：

$$\begin{cases} f = \dfrac{24}{Re}, & Re < 500 \\[2mm] \dfrac{1}{\sqrt{f}} = -K_1 \lg\left(\dfrac{\varepsilon}{K_2 d} + \dfrac{K_3}{4Re\sqrt{f}} \right), & Re > 500 \end{cases} \tag{7.32}$$

其中，Re 为雷诺数；ε 为地面材料的绝对粗糙度（一般可以查表得到，也可以根据测量的表面粗糙度进行估算），m；K_1、K_2、K_3 为常数（通过实验得出）。

与式（7.27）、式（7.30）联立可解出：

$$|V| = \begin{cases} \dfrac{g d^2\, |\nabla h|}{3v}, & Re < 500 \\[3mm] -K_1 \sqrt{8gd\,|\nabla h|}\, \lg\left(\dfrac{\varepsilon}{K_2 d} + \dfrac{K_3 v}{\sqrt{128 g d^3\,|\nabla h|}} \right), & Re > 500 \end{cases} \tag{7.33}$$

使用扩散波近似时，使用如下方法判断水流是层流（$Re<500$）还是湍流（$Re>500$）：首先按照层流状态求出流速，按照该流速和水深求雷诺数，如果雷诺数小于 500，说明水流是层流；如果雷诺数大于 500，按照湍流状态求出流速，按照该流速和水深求雷诺数，如果雷诺数大于 500，说明水流是湍流；否则水流可能处于转掠流，可以按照 $Re=500$ 为条件求出流速 $\left(|V| = \dfrac{500v}{d} \right)$。

将 $|V|$ 代入式（7.29）就能得出 $|V|$，进而得到 q，再根据式（7.24）计算出 $\dfrac{\partial d}{\partial t}$，即可更新下一时间步长的水深，并进行下一个时间步长的模拟，如此循环往复，直到模拟结束。

4. 城市暴雨内涝风险评估案例

选择福建省某市 A 区的中心城区为例进行研究。研究区域东西宽约 3.5 km，南北长约 4.7 km，面积约 16.6 km²。基于情景模拟法对某市不同降雨情景下的内涝时空分布和因灾损失进行了计算。研究区域的 GIS 数据，主要包括建筑物分布和数字高程模型（digital elevation model，DEM）等，如图 7.8 所示。

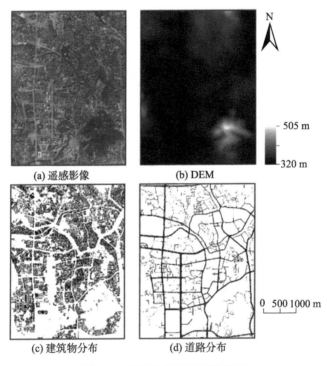

(a) 遥感影像   (b) DEM

(c) 建筑物分布   (d) 道路分布

图 7.8　暴雨内涝指标评估结果

灾情模拟部分基于二维浅水方程组，损失估计部分使用文献中的脆弱性曲线。

对某市不同重现期、不同持续时间的暴雨进行了内涝动态情景模拟，得到了各种暴雨情景下积水深度分布随时间的演化过程。以 100 年一遇的 60 min 暴雨为例，降雨开始 30 min、60 min、90 min 时的积水深度分布如图 7.9 所示。前 60 min，积水深度随着降雨逐渐增加。60 min 后，降雨结束，但水继续通过地表径流从高地流向低洼区域，导致一些区域积水深度在降雨结束后一段时间内仍然增长。之后，由于地表下渗，积水会逐渐消退。

对水深模拟结果进行统计可以得到整个暴雨过程中各网格出现过的最大水深。以 5 年、20 年、100 年一遇 60 min 暴雨为例，最大水深分布如图 7.10 所示。从最大水深分布可以看出，不同重现期（降水量）的暴雨情景下，积水区域在很大程度上是一致的。同时，仔细比较水深分布可得，重现期长（降水量大）的暴雨引起的积水范围和深度较大。不同重现期 60 min 暴雨积水范围（积水深度超过 5cm 的区域）和平均水深对比见表 7.7。

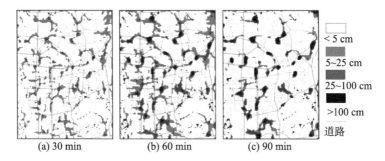

(a) 30 min　　　　(b) 60 min　　　　(c) 90 min

图 7.9　降雨开始后不同时间积水深度分布（100 年一遇 60 min 暴雨）

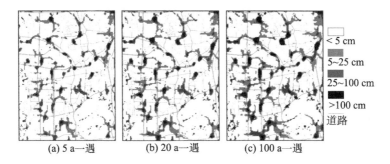

(a) 5 a 一遇　　　　(b) 20 a 一遇　　　　(c) 100 a 一遇

图 7.10　整个暴雨积水过程中最大水深分布

表 7.7　不同重现期 60 min 暴雨积水范围和平均水深

	重现期/年				
	5	10	20	50	100
积水范围/km²	2.76	3.11	3.48	3.92	4.25
平均水深/cm	7.1	8.5	9.9	11.7	13.1

由建筑物信息以及最大积水深度分布可得各网格中的建筑物淹没深度。对于没有建筑物的网格，则不存在淹没深度的概念。依据脆弱性曲线，由建筑物淹没深度可以估算单位面积因灾损失，其分布如图 7.11 所示。

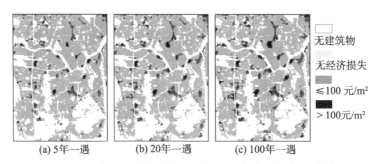

(a) 5年一遇　　　　(b) 20年一遇　　　　(c) 100年一遇

图 7.11　不同暴雨重现期下单位面积内涝经济损失分布

图 7.11 黑色的区域表示该处因灾损失较高，说明其暴雨内涝风险大，在条件允许的情况下应该采取治理措施以降低风险。一个网格中的因灾损失可由该网格单位面积经济损失值乘以该网格内建筑物所占面积得到。总的损失由所有网格损失求和得到。某市不同重现期、不同持续时间的暴雨积水造成总经济损失估算如图 7.12 所示。可见，暴雨重现期越长，暴雨持续时间越长，总经济损失越大。

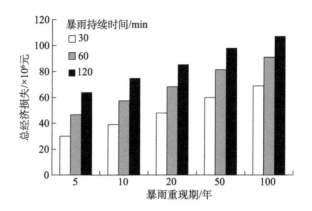

图 7.12　暴雨积水造成总经济损失估算

排水设施是降低暴雨内涝灾害损失的重要手段。假设研究区域内按照一定间隔（120 m、90 m、60 m）均匀设置雨水井，重新进行情景模拟，可以对雨水井降低内涝损失的效果进行评估。要实现这三种雨水井间隔，分别需要布置 1170 个、2080 个和 4602 个雨水井。雨水井具体参数设置如下：截面积 $A = 0.05\text{m}^2$，泄流系数 $C = 0.65$。以 100 年一遇的 30 min、60 min、120 min 暴雨为例，不同雨水井分布情况下的总经济损失对比如图 7.13(a)所示，平均每个雨水井降低损失的效果如图 7.13(b)所示。

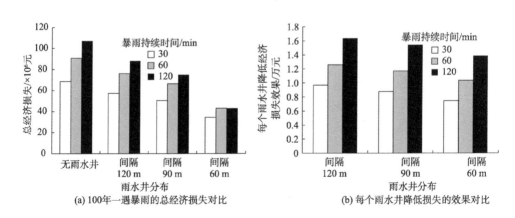

(a) 100年一遇暴雨的总经济损失对比　　　　　(b) 每个雨水井降低损失的效果对比

图 7.13　不同雨水井分布情况下雨水井降低暴雨积水损失的效果

可见，随着雨水井数量增加，内涝损失明显降低。但是，随着雨水井总数量的增加，损失降低的速度逐渐下降。无限制增加雨水井在经济上是不可行的，实际中相关部门应该根据投入产出关系对排水系统进行合理规划。同时可以看到，雨水井在短时强降雨中的降低损失效果不如在较长时间暴雨中的明显，这是由于降雨强度过大，雨水井在短时间内排水量有限。这说明应对短时强降雨不能单纯依靠雨水井，还应该从城市整体规划入手，尽量避免在低洼地段建设房屋，从而减少积水淹没建筑现象的发生，降低城市暴雨内涝灾害风险。

7.4.2　暴雨—内涝—交通堵塞事件链风险评估

城市降雨积水有可能引发一系列次生衍生突发事件，造成不利后果。在降雨积水引发的众多次生衍生突发事件中，交通拥堵常见，极大地影响了居民的正常出行和生活。城市暴雨导致道路积水以及能见度下降，影响车速、车距等驾驶员行为，进而引发交通堵塞，形成了城市暴雨—内涝—交通堵塞事件链。本节针对这一问题，开展城市降雨积水对道路交通通行影响的模拟研究。

1. 研究方法与技术路线

目前，国内外有一些对于降雨对交通影响的研究。例如，Goodwin（2002）认为不利天气（包括降雨）是通过降低能见度、降低地面摩擦力、影响驾驶员行为和车辆性能等途径影响交通的。Perrin 等（2001）通过分析美国盐湖城的交通数据研究了多种不利天气对饱和车流量和车速的影响，结果表明降雨平均会导致饱和车流量下降 6%，车速下降 10%。Billot 等（2009）、Edwards（1999）、Keay 和 Simmonds（2005）、章锡俏等（2007）的研究中主要考虑的是降水导致能见度下降、地面粗糙度减小引起驾驶员减速，基本上没有体现积水对交通的影响。实际降雨积水中，经常遇到由于道路积水导致的交通拥堵，说明积水是影响交通的一个重要因素。此外，目前已有研究大多只能得到宏观的整体的结论，并不能针对一个降雨情景，具体地预测交通拥堵可能出现的时间和地点，无法满足城市降雨积水交通拥堵应急响应的需要。

图 7.14 给出了降雨积水对道路交通通行影响机理及对应的模型,该模型认为，城市降雨积水中，降雨导致道路积水以及能见度下降，影响驾驶员行为（主要表现在车辆减速），最终影响道路交通通行状况。本节建立的模型分为道路积水模型、驾驶员行为模型、交通模拟模型三部分。每个部分按照各自的规律使用不同方法进行建模。将三个部分有机结合，就可以真实地模拟城市降雨对交通通行的影响。

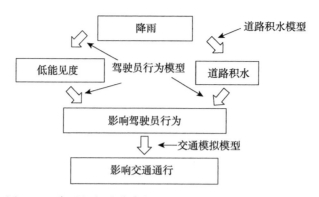

图 7.14　降雨积水对道路交通通行影响机理及对应的模型

城市暴雨灾害链主要分为三个阶段：从降雨到积水、能见度，从积水、能见度到驾驶员行为，从驾驶员行为到交通状况。这三个阶段有各自的规律，要用不同的方法来研究。在本书建立的城市暴雨灾害链模型中，使用城市降雨径流模型计算暴雨导致道路积水分布，利用心理调查问卷研究积水分布、能见度等因素对驾驶员行为的影响，通过交通仿真得到道路交通情况。技术路线如图 7.15 所示。

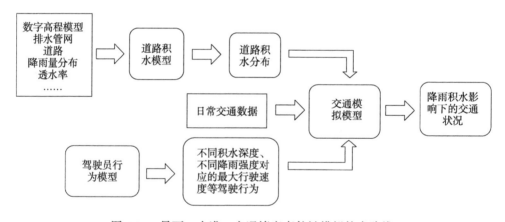

图 7.15　暴雨—内涝—交通堵塞事件链模拟技术路线

1）道路积水模型

采用前面建立的城市降雨积水数值模拟方法进行模拟，得到地面积水时空分布。将道路尽量均匀地分割为若干路段（路段长度与数值模拟中栅格尺寸相近为宜），每个路段的积水深度按照路段两端所处栅格水深中较大的一个进行取值。这样就得到了每个路段积水深度随时间的变化情况。

2）驾驶员行为模型

降雨中，驾驶员会观察周围的环境，做出判断，并调整车速。这一过程和人的心理有关，难以建立物理上的模型。另外，调查问卷是一个广泛使用的驾驶员行为研究方法。Kilpeläinen 和 Summala（2007）使用调查问卷研究了天气和天气预报对驾驶员行为的影响。因此，本书采用调查问卷来研究降雨对驾驶员行为的影响。选取降雨强度（与能见度相关）、道路积水深度作为两个主要影响因素。

降雨强度、积水深度都与降雨有关，它们之间有一定的联系。然而，两者并不直接相关，例如，雨停后一些低洼路段上可能仍然有积水，某些地势高的路段可能在下雨时也不会积水。因此，在问卷中要包括积水深度与降雨强度的各种不同组合。

实际在雨天驾驶时，驾驶员无法直接得到降雨强度、积水深度的具体数值，而是要根据自己看到的情景来判断降雨积水的情况。因此，在问卷中使用照片比使用文字更能直观地还原实际雨天驾驶的场景（图 7.16）。在调查问卷中，采用照片来描述场景，类似 Hassan 和 Abdel-Aty（2011）关于低能见度对驾驶行为影响研究中的做法。

[情景10]

根据上图所示降雨和积水情况判断你会以何种速度行驶(单位: km/h)

○ 0 (停车)　　○ 0-10　　○ 10-20　　○ 20-30　　○ 30-40　　○ 40-50　　○ 50-60　　○ >60

图 7.16　网络版调查问卷中的问题

实际拍摄了无雨（降雨强度 0.0 mm/h）、小雨（降雨强度 2.5 mm/h）、大雨（降雨强度 12.5 mm/h）情况下从驾驶员位置看到前方道路的照片（共 3 张），并使用汽车模型和装水的箱子拍摄了汽车在不同深度积水（0 cm、10 cm、20 cm、30 cm）中的照片（共 4 张）。将这些照片组合得到 12 种情景，让受访者选择在这些情景下自己会以何种速度行驶。此外，问卷还包含基本信息（年龄、性别、驾龄等问题）。

问卷分纸质版和网络版两种，绝大部分数据是通过网络问卷收集的。最终，收集到了 102 份有效问卷。

通过统计可得不同情景下驾驶员选择的平均车速，如表 7.8 所示。

表 7.8　不同情景下驾驶员选择的平均车速　　　　（单位：km/h）

降雨强度/（mm/h）	水深			
	0 cm	10 cm	20 cm	30 cm
0	50.3	37.5	26.2	15.3
2.5	42.4	35.0	24.3	12.4
12.5	26.9	22.0	15.0	7.9

　　表 7.9 展示了不同场景下平均车速和驾驶员人口学变量之间的关系。从中可以发现一些有趣的现象。正常情况下（无降雨无积水），男性和女性驾驶员车速差别不大，但积水情况下女性驾驶员减速更明显。在各种情况下，年龄较小（<35 岁）的驾驶员车速都比年龄较大（≥35 岁）的驾驶员快一些。相对于缺乏经验的驾驶员（驾龄≤3 年），经验丰富的驾驶员（驾龄>3 年）在正常情况下车速更快，在降雨积水情况下车速更慢。

表 7.9　不同情景下平均车速和驾驶员人口学变量之间的关系　（单位：km/h）

组别	情景			
	0 mm/h 降雨 0 cm 积水	0 mm/h 降雨 30 cm 积水	12.5 mm/h 降雨 0 cm 积水	12.5 mm/h 降雨 30 cm 积水
全部	50.3	15.3	26.9	7.9
男性	50.2	16.2	27.0	7.9
女性	50.7	11.9	26.4	7.6
年龄<35 岁	51.5	17.5	28.0	9.6
年龄≥35 岁	49.4	13.6	26.3	6.6
驾龄≤3 年	48.8	17.8	27.5	9.0
驾龄>3 年	51.1	14.1	26.6	7.4

　　为了能定量描述降雨积水对驾驶员行为的影响，从而应用于交通模拟模型中，需要得出车速和降雨强度、积水深度之间的函数关系。为此，采用控制变量法研究平均车速和降雨强度、积水深度的关系分别如图 7.17(a)和图 7.17(b)所示。

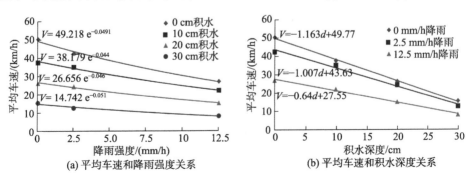

图 7.17　平均车速和降雨强度、积水深度的关系

可见，在积水深度固定的情况下，平均车速与降雨强度近似呈指数关系；在降雨强度固定的情况下，平均车速与积水深度近似呈线性关系。综合考虑两种因素，猜想平均车速与降雨强度、积水深度之间的函数关系为

$$V = a(1 - bD)e^{-cI} \qquad (7.34)$$

其中，V 为车速，km/h；D 为积水深度，cm；I 为降雨强度，mm/h；a、b、c 为常数。

通过拟合得，$a = 49.49$ km/h，$b = 0.02324$ cm^{-1}，$c = 0.0471$ h/mm。拟合均方误差（root mean square error，RMSE）为 0.9 km/h，相关性系数（R^2）为 0.9957，拟合效果良好。后面将使用式（7.34）作为车速和降雨强度、积水深度之间的函数关系。

3）交通模拟模型

目前，已经有许多成熟的交通模拟软件。然而，它们都无法充分考虑城市降雨积水的影响。本书在开源交通模拟软件 SUMO（simulation of urban mobility）的基础上进行了改进，使它可以考虑降雨积水的影响。SUMO 主要由德国宇航中心交通系统学会的成员开发，是一个开放源代码的微观交通仿真软件包，支持大规模交通网络的高速仿真（Krajzewicz et al., 2012）。

SUMO 是一种时间离散、空间连续的模拟。每辆车都是一个单元，有确定的目的地，会根据某个时刻道路及车辆的状态决定下一时刻自己的车速以及是否要变道或转弯。SUMO 需要输入交通网络、交通需求以及可选的各种附加参数，可以输出多种数据，包括每辆车的位置、每条路的车流量等。SUMO 可以模拟许多交通要素，如变道、转弯、红绿灯，但其中最基本的是车辆跟随模型。车辆跟随模型，就是在一条车道上有两辆车，后车根据自己和前车的车速以及相互之间的距离来确定该以怎样的速度行驶。SUMO 可以选择使用多种车辆跟随模型，默认的是基于 Krauss 等（1997）建立的模型，其公式如下：

$$v_{\text{safe}}(t) = v_1(t) + (g(t) - g_{\text{des}}(t)) / (\tau b + \tau) \qquad (7.35)$$

$$v_{\text{des}}(t) = \min[v_{\max}, v(t) + a(v)\Delta t, v_{\text{safe}}(t)] \qquad (7.36)$$

$$v(t + \Delta t) = \max[0, v_{\text{des}}(t) - \eta] \qquad (7.37)$$

$$x(t + \Delta t) = x(t) + v(t + \Delta t)\Delta t \qquad (7.38)$$

其中，t 为时间，s；v_{safe} 为最大安全速度，m/s；v_1 为前车速度，m/s；g 为和前车的距离，m；g_{des} 为期望的车距，m；τ 为反应时间，s；v_{des} 为期望的车速，m/s；$v_{\max}$ 为限速，m/s；v 为车速，m/s；a 为车辆最大加速度，m/s^2；Δt 为时间步长，s；x 为车辆位置，m；η 为随机变量，m/s，用于模拟驾驶员行为的随机性。

本书为了考虑降雨积水对交通的影响，计算限速 v_{max} 时，取道路本身限速和按照式（7.38）计算得到的车速中较小的值。

2. 暴雨内涝交通堵塞链研究案例

1）算例研究

积水和交通状况受到降雨、地形、排水等各种因素影响。为检验这些参数对结果的影响，将评估模型应用于简单道路模型（图 7.18），开展算例研究。

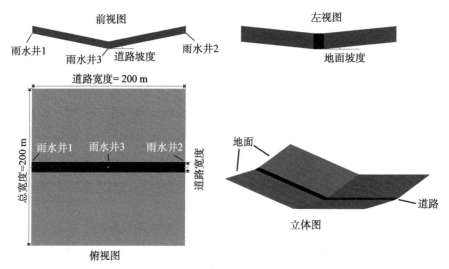

图 7.18　简单道路模型示意图

该部分一共进行了 27 组算例模拟，每组算例中参数选取不同。这些参数包括地面坡度、道路坡度、道路宽度、雨水井截面积、降雨持续时间、降雨强度、雨水井分布。选择中等参数，设置"基础算例"。其他每个算例与"基础算例"都有且只有一个参数不同。表 7.10 列出了"基础算例"的参数选取以及其他算例的参数变化。表 7.11 列出了四个典型算例的参数。车流量设置为每车道每分钟20 辆车。

表 7.10　算例参数选取

	地面坡度（%）	道路坡度（%）	道路宽度（m）	雨水井截面积（m²）	降雨持续时间（h）	降雨强度（mm/h）	雨水井分布
基础算例	0.3	0.4	13.3（双向四车道）	0.1	2	12.5	雨水井1,2,3
参数变化	0.1 0.2 0.4 0.5	0.2 0.3 0.5 0.6	6.7（双向二车道） 20.0（双向六车道）	0.02 0.06 0.14 0.18	0(无降雨) 0.5 1 1.5 2.5 3	0（无降雨） 7.5 10 15 17.5	雨水井1,2 雨水井3

表 7.11　典型算例参数

算例编号	地面坡度（%）	道路坡度（%）	道路宽度（m）	雨水井截面积（m²）	降雨	雨水井分布
0	0.3	0.4	13.3	0.1	无降雨	雨水井 1,2,3
1	0.3	0.4	13.3	0.1	2 h 内降雨 25 mm	雨水井 1,2,3
2	0.3	0.4	13.3	0.1	2 h 内降雨 35 mm	雨水井 1,2,3
3	0.3	0.4	13.3	0.1	2 h 内降雨 25 mm	雨水井 1,2

图 7.19 显示了典型算例的模拟结果，包括道路中央积水深度、平均车速、车流量（单向）随时间的变化曲线。算例 0 中，没有降雨，没有积水，交通状况正常。算例 1 是"基础算例"，降雨过程中积水深度逐渐上升，由于雨水井的作用，降雨结束后积水深度较迅速地下降。降雨刚开始时，车速因能见度降低而降低，此后由于积水深度上升而进一步降低，导致拥堵（此时车流量小于正常值），降雨结束后，能见度恢复，车速上升，此后随着积水深度下降以及积压车辆释放（此时车流量大于正常值），车速继续缓慢上升直至正常水平。算例 2 中降雨强度比算例 1 更大，因此积水深度更深，积水时间更长，车速降低得更明显，降雨结束后交通恢复也更慢。算例 3 低洼路段（道路中央）没有雨水井，导致降雨结束后积水深度不能降低，车速不能恢复，会导致长时间严重交通拥堵。实际中要尽量避免算例 3 的情况发生。

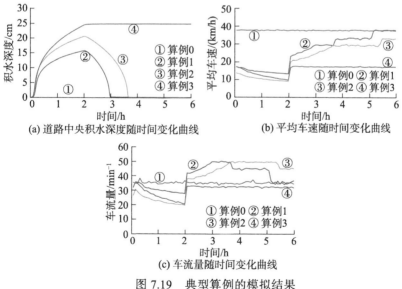

(a) 道路中央积水深度随时间变化曲线　(b) 平均车速随时间变化曲线

(c) 车流量随时间变化曲线

图 7.19　典型算例的模拟结果

图 7.20 显示了各参数对模拟结果（道路中央最大积水深度和平均车速）的影响。图 7.20(a) 是降雨强度对模拟结果的影响。降雨强度越大，积水深度越大，车速越慢。图 7.20(b) 是降雨持续时间对模拟结果的影响。降雨持续时间越长，积水

深度越大，车速越慢。图 7.20(c)是雨水井截面积对模拟结果的影响。雨水井截面积越大，积水深度越小，车速越快。图 7.20(d)是雨水井分布对模拟结果的影响。在低洼路段设置雨水井可以有效降低积水深度并提高车速，而在地势较高路段设置雨水井效果不大。图 7.20(e)和图 7.20(f)是地面斜率和道路斜率对模拟结果的影响。地面越平坦，积水深度越小，车速越快。图 7.20(g)是道路宽度对模拟结果的影响。道路宽度对积水深度和平均车速影响不显著。

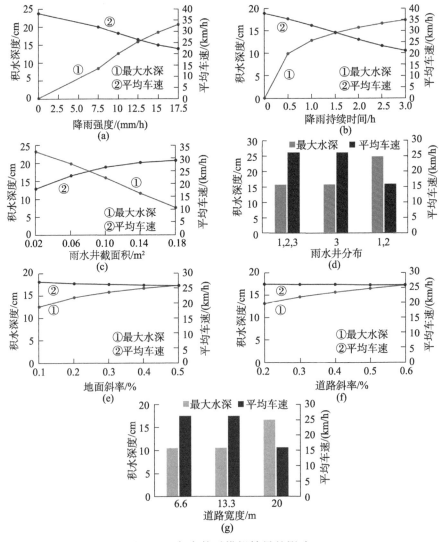

图 7.20　各参数对模拟结果的影响

2）实际街区研究

A. 研究区域

研究区域是某市局部区域。该研究区域东西宽 1.5 km，南北长 1.1 km，面积

1.65 km²。

降雨数据由国家气象信息中心的中国气象数据网获取。数据包含 2008 年 1 月 1 日以来全国的逐小时降水量数据。选择其中研究区域对应的数据作为数值模拟的降雨数据来源。

选择 2008 年 1 月 1 日到 2015 年 12 月 31 日的数据进行分析,从中提取出全部约 200 场降雨作为降雨情景供数值模拟使用。各场降雨的持续时间和平均降雨强度分布情况如图 7.21 所示。

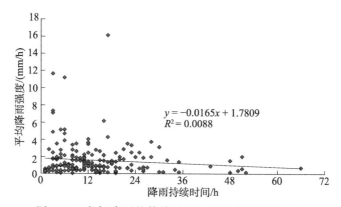

图 7.21　各场降雨的持续时间和平均降雨强度分布

可见,研究区域近 8 年降雨的平均降雨强度与降雨持续时间呈负相关,但相关性不显著。研究时间范围内最严重的一场降雨发生在 2012 年 7 月 21 日,研究区域附近总降雨量约 270mm,其数据如图 7.22 所示。

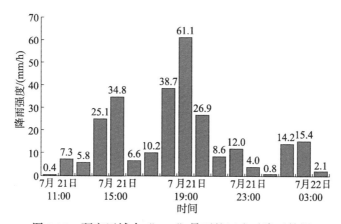

图 7.22　研究区域内 "7.21" 暴雨的逐小时降雨数据

可见,实际暴雨的降雨强度随时间变化十分剧烈,并且没有十分明显的规律。这是形成暴雨的短时强对流天气的内在不稳定性导致的。如果按照传统方法使用经验降雨过程线而非实际降雨数据，可能会造成结果的偏差。

为直观展示数值模拟结果，选取三个典型降雨情景，如表 7.12 所示。

表 7.12　典型降雨情景

情景编号	取自降雨数据	持续时间	总降雨量
降雨情景 1	2012 年 7 月 21 日	17 h	274.0 mm
降雨情景 2	2011 年 6 月 23 日	16 h	98.2 mm
降雨情景 3	2013 年 7 月 1 日	6 h	67.0 mm

为避免研究区域边界对模拟结果的影响，数据分析时忽略研究区域边界附近的数据（东南西北四个方向都留出 100m 以上的空隙）。结果输出区域及其中可以通行机动车的道路如图 7.23 所示。使用的降雨情景是降雨情景 1（2012 年 7 月 21 日 11 时至 22 日 3 时）。

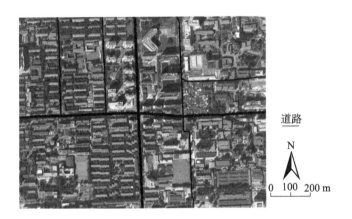

图 7.23　实际街区模拟结果输出区域

使用当地出租车位置数据构建交通需求。本算例中采用的是一个普通周六（2012 年 10 月 20 日）11 时至次日（2012 年 10 月 21 日）3 时当地所有出租车的 GPS 数据。首先，用研究区域对车辆进行筛选，只保留在这段时间内经过研究区域的车辆，丢弃其他车辆的数据，大幅降低需要处理的数据量。之后，使用研究区域边界对每辆车的路径进行裁剪，得到车辆驶入驶出研究区域的位置和时间（由于模拟总时间较长，要考虑一辆车多次驶入驶出的情况）。对于每辆车的每次驶入驶出，生成一条旅程（trip）数据，用距离车辆驶入位置最近的节点作为旅程的起点，用距离车辆驶出位置最近的节点作为旅程的终点，用车辆驶入时间作为旅程的开始时间。由于出租车只占全部车辆的一部分，实际中交通状况会比模拟得到的结果更不利。

B. 模拟结果

通过降雨积水数值模拟，可以得到积水深度的时空分布情况，进而得到道路积水情况。不同时刻道路积水情况如图 7.24 所示。

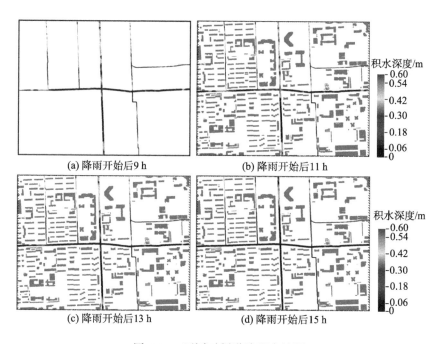

图 7.24　不同时刻道路积水情况

有无降雨情况下平均车速分布对比如图 7.25 所示。无降雨情况下，全局平均车速为 44.78 km/h。如图 7.25(a)所示，路网整体车速较高，只有路口等区域车速较低（因为转弯、等待等行为明显降低车速）。降雨积水情况下，全局平均车速显著降低，仅有 4.08 km/h。如图 7.25(b)所示，一些积水较严重的路段（图中方框标出）车速明显偏低。

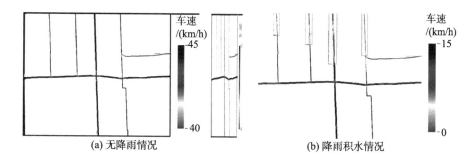

图 7.25　平均车速分布对比

3）积水减缓措施

根据住房和城乡建设部编制的《海绵城市建设技术指南——低影响开发雨水系统构建（试行）》，并结合研究区域的实际情况，透水铺装和绿色屋顶是比较可行的积水减缓措施，因此此处主要分析这两种措施。拟定六种积水减缓方案，如表 7.13 所示。其中透水铺装的下渗规律参考赵飞等（2010）的研究。

表 7.13 拟定的积水减缓方案

方案	内容
绿色屋顶 1	屋顶部分改装，落在建筑物顶部雨水 50% 被蓄积
绿色屋顶 2	屋顶全部改装，落在建筑物顶部雨水全部被蓄积
透水铺装 1	透水铺装在模拟区域内均匀分布，共覆盖 25% 面积
透水铺装 2	西北 1/4 区域全部改造为透水铺装
透水铺装 3	西南 1/4 区域全部改造为透水铺装
透水铺装 4	透水铺装在模拟区域内均匀分布，共覆盖 50% 面积

对不同方案分别进行数值模拟，并对结果进行统计。通过比较平均积水深度和积水范围的年超越次数期望（表 7.14），可以看到不同方案对于减缓降雨积水都有一定的效果。

表 7.14 不同方案下积水深度年超越次数期望分布

（平均积水深度/积水范围内积水深度） （单位：cm）

方案	年超越次数/次				
	0.125	0.250	0.500	1.000	2.000
现状	10.6/42.6	3.9/13.1	2.8/7.5	2.5/6.9	2.3/5.5
绿色屋顶 1	9.3/37.0	3.5/10.1	2.6/6.9	2.4/6.3	2.2/5.0
绿色屋顶 2	7.9/32.2	3.3/9.4	2.5/6.4	2.4/5.8	2.1/4.6
透水铺装 1	9.3/37.0	2.7/6.2	2.0/4.4	1.6/3.0	1.1/1.2
透水铺装 2	7.9/32.2	3.0/9.4	2.3/6.3	2.1/5.8	1.9/4.6
透水铺装 3	7.6/30.5	2.8/8.7	2.2/6.1	2.0/5.3	1.8/4.0
透水铺装 4	7.3/29.7	1.2/1.6	0.7/0.6	0.5/0.3	0.2/0.2

以年超越次数期望 0.125 的较罕见降雨和年超越次数期望 2 的常见降雨为例，不同积水减缓方案的效果如图 7.26 所示。从中可以看到，在任何情况下，绿色屋顶 2 效果都优于绿色屋顶 1，透水铺装 4 效果都优于透水铺装 1。说明无论绿色屋顶或透水铺装，覆盖比例越大，积水减缓效果越好。另外，图 7.27(a) 中，透水铺

装 2 和透水铺装 3 优于透水铺装 1；而图 7.27(b)中，透水铺装 1 显著优于透水铺装 2 和透水铺装 3。说明透水铺装覆盖比例相同的情况下，分散铺设可以更好地应对常见降雨，集中铺设可能更适合应对降雨量大的罕见降雨。

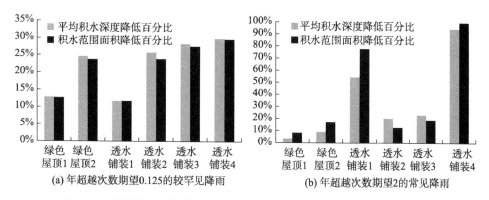

(a) 年超越次数期望0.125的较罕见降雨   (b) 年超越次数期望2的常见降雨

图 7.26 不同积水减缓方案对不同罕见程度降雨积水的减缓效果对比

按照积水减缓方案，模拟在这些方案影响下的交通情况。各种不同方案下平均车速比较如图 7.27 所示。可见，积水减缓措施在降低积水深度的同时，也在一定程度上改善了交通状况。

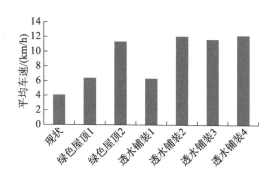

图 7.27 不同方案下平均车速比较

第 8 章

罐区突发事件链风险评估

石油是现代社会发展中必不可缺的能源,随着我国社会经济的发展,石油在生产生活中的需求量越来越大,石油战略储备安全保障是确保国家能源安全的重要措施。因此确保石油储存罐区的安全对于保证经济发展、社会稳定有着极其重要的意义。在油罐区数量和规模逐年提高的背景下,油罐区事故呈现灾害耦合和链式连锁反应的危险特征,现有规范标准中关于罐区规划布局的相关条款已无法满足油罐区的本质安全要求,因此评估大型油罐区的整体风险,优化选址和规划布局,确保油罐区安全运行的必要性日趋明显。近年来,地震、雷暴、洪水等灾害日趋频繁。自然灾害作为原生事件极易导致设备失效从而引发油罐区的燃爆事故。

本章首先简要介绍了基于时间链的多米诺事件分析方法。接着选取了储罐中的外浮顶罐作为典型案例进行了火灾风险评估,介绍了数值模拟方法,并给出了工作人员个人风险评估。之后分别介绍了对雷击、地震、溢油几种突发事件的风险评估方法,展示了基于事件链的事故扩展模型、风险计算原理等内容。

8.1　多米诺事件分析方法简介

石油是工业的血液,是重要的能源和化工原料,我国大部分化工产品的原材料都是石油。近几十年来,经济的快速增长使得我国对石油的需求量急剧增加。国家统计局数据显示,到 2019 年中国石油消费量达 6.7268 亿吨,其中进口原油 5.0568 亿吨,中国石油(原油及油品)对外依存度已经达到了 88.30%。为了稳定供求关系、平抑油价、应对突发事件、保障国民经济安全,建立大型油品储罐区是当前最有效的手段之一。我国早在"十五"发展计划中就明确提出:"建立国家战略石油储备,维护国家能源安全。"因此,我国先后建立了很多油品储罐区,包括镇海、岱山、黄岛、大连等集中型的化工园区。截至 2015 年中,我国共建成 8 个国家石油储备基地,总储备库容为 2860 万 m³。这些化工园区涉及的化学工艺相对复杂,装置多样。同时,化工园区内储罐相对密集。因此,发生事故后极易导致连锁反应，如 2013 年 11 月 22 日，位于山东省青岛市的中石化东黄输油管道破裂，泄漏的原油发生爆燃，事故共造成 62 人死亡、136 人受伤，直接经济损失 7.5 亿元。①从事故案例中可以看出，这些化工园区给当地地区带来发展的同时，也使当地面临着严峻的安全形势。因此，针对密集型罐区，建立具有针对性的风险评估方法是十分必要的。

本章以储油罐区的雷击和地震灾害事件链为例，首先简要介绍了多米诺事件的分析方法，然后提出基于雷击事件链的罐区风险评估方法和基于地震事件链的罐区风险评估方法，最终给出实例分析。

引发石油化工园区事故多米诺效应的主导因素，最主要的是火灾的热辐射、爆炸的超压冲击波和碎片。多米诺效应产生的主要对象是存在众多因果关系的事件，产生该效应的直接原因是事件间存在相互作用的条件，能够造成事故相继连续的发生，因此可以认为导致事故的原因以及其发展过程间具有线性关系。换句话说，就是依照时间先后，后面的事件作为前一个造成的结果，效应的最后也将以一个事故的形式结束。也就是初始单元产生事故后，能够释放出热辐射、爆炸冲击波和碎片等，而这些效应能对二级单元起作用，满足二级单元发生事故的条件后，同初始单元相同，二级单元产生的后果会作用于三级单元，这样一级一级地作用和进行事故的传递过程就是事故多米诺效应。对该效应进行控制时要综合考虑次级事故产生的边界条件，以及空间布局、气象条件、时间、相关的抑制措施等，事故多米诺效应发生机理如图 8.1 所示。

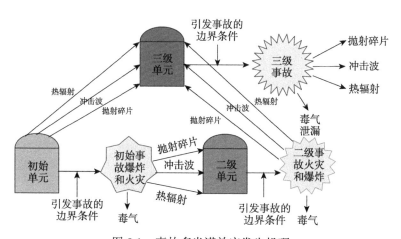

图 8.1　事故多米诺效应发生机理

火灾和爆炸是引发事故多米诺效应的直接原因，可燃液体、气体的泄漏是引发火灾和爆炸的常见形式，因此引发事故多米诺效应的初始事件离不开"泄漏、

---

① https://baike.sogou.com/v62765341.htmjsessionid=6C85005DF9B4D89F67F97AEA27E66162.n2

火灾、爆炸"这三种形式。这三种形式引发事故多米诺效应的推演情况,见图 8.2、图 8.3。

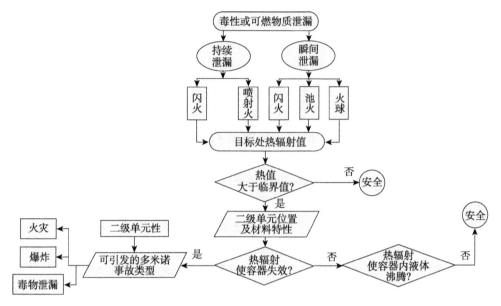

图 8.2　泄漏、火灾引发事故多米诺效应的推演图

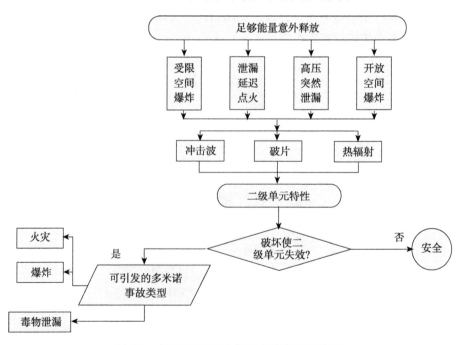

图 8.3　爆炸引发事故多米诺效应的推演图

多米诺效应的发生具有一定的概率性,是一种随机的现象,受当时环境条件

和储罐状态影响。因此，研究的切入点不同，得到的结果可能不同。另外，由于多米诺事故本身的复杂性，国内外对多米诺效应事故研究并不是很深入，并没有建立起统一完善的理论。在近十年来，国外著名学者 Cozzani 等（2005）、Gabriele 等（2009）通过实验和对以往案例的研究，都提出了自己的模型。其中典型的主要有两大类模型：阈值模型和概率模型。其他分析多米诺扩展的模型主要是从物理因素考虑的。

1. 阈值模型

该观点认为当某一危险因素如热辐射值、冲击波超压值高于储罐所能承受的阈值时，储罐即发生破裂。该模型认为储罐发生事故的概率只有两种，目标储罐发生事故，即概率值为 1，否则为 0。由于不同学者研究的角度不同以及以往案例有限，不同学者得出的阈值差别很大。在国外文献中，辐射值阈值最小的为 9.5 kW/m^2，最大值为 38 kW/m^2，差距范围是工业领域目前不能够接受的（Cozzani et al.，2006）。

Cozzani 和 Salzano（2004b）经过深入的研究，针对超压引发多米诺效应展开进一步的讨论，他们将化工园区的设备进一步细分为常压、压力、加长和小的容器四种。并且他们在总结前人研究的基础之上，引入了设备失效时间（time to failure，ttf）和应急救援时间，储罐的几何尺寸等因素，并且经过实验的验证，这种情况更加接近实际情况（Gabriele et al.，2009）。同时提出了不同容器对应的阈值，详见表 8.1。

表 8.1　在不同场景下不同装置对应的阈值（Cozzani et al.，2006）

事故场景	破坏方式	设备	阈值	备注
闪火	热辐射、火焰接触	所有	/	忽略
喷射火	火焰接触	所有	/	忽略
火球	热辐射	常压	火球的半径值	
		压力	/	忽略
池火	热辐射	常压	15 kW/m^2	10 min 以上
		压力	50 kW/m^2	10 min 以上
爆炸	冲击波超压	常压	22 kPa	
		压力	16 kPa	
		长型	31 kPa	
		小型	37 kPa	

2. 基于设备类型的数学概率模型

为方便工程应用，Gledhill 和 Lines（1998）总结了前人的经验，提出了用事故损害概率数学模型来计算事故损害概率的较为简单的方法，这种方法在一定程度上更加接近实际情况。同时，Cozzani 和 Salzano（2004a）通过多案例的大量研究，扩展了多米诺效应事故模型，为定量计算储罐间相互影响奠定了基础。本书是建立在数学概率模型的基础之上进行研究的。事故损害概率模型见表 8.2。

表 8.2　事故损害概率模型

触发	设备类型	损害概率数学模型	备注
热辐射	常压容器	$Y = 12.54 - 1.847 \times \ln(ttf)$ $\ln(ttf) = -1.128I - 2.667 \times 10^{-5}V + 9.877$	以热辐射强度和设备容积为基础
超压	常压容器	$Y = -18.96 + 2.44\ln\Delta p$	依据是静态超压峰值
	长型立式	$Y = -28.07 + 3.16\ln\Delta p$	
	小型设备	$Y = -17.79 + 2.18\ln\Delta p$	
碎片		根据物理因素进行判定	

通过正态分布（高斯分布）函数，把事故效应的损害概率换算为目标设备损害概率，如公式（8.1）所示。

$$P = \frac{1}{\sqrt[2]{2\pi}} \int_{-\infty}^{Y-5} e^{-\frac{x^2}{2}} dx \qquad (8.1)$$

其中，x 为积分变量；Y 为事故效应的损害概率；P 为目标设备的损害概率（$0 \leq P \leq 1$）。

3. 物理模型

在计算过程中，主要考虑油品的化学特性和储罐的物理特性。例如，储罐内油品加热到多长时间能够发生闪燃、材料加热到不同的温度时所能承受的最大应力以及储罐内油品温度分布等。单纯建立起来的物理模型分析过程相对复杂，并且需要考虑的因素众多，因此，目前应用物理模型去考虑多米诺效应的方法相对较少。

通过分析上述三种事故多米诺效应触发判别准则，第一种阈值方法考虑的因素较少，过于简单，与事故多米诺效应发生、发展过程不符，不便于开展分析。第二种针对效应的产生和扩展模式进行讨论，采取计算的方式，实现了事故效应损害概率与目标设备损害概率的变换，既符合常理又方便运用，但在分析研究过程中计算运算量大，需要较多的时间及资金。第三种物理模型，过多的考虑物质的能量、状态和过程，过于复杂，缺乏适应性。本书在分析事故多米诺效应时采用的是基于计算机运算的第二种方法，对初始单元可能发生的火灾、爆炸事故进行定量分析，计算引发邻近单元发生多米诺效应的概率。

8.2　外浮顶储罐罐区火灾风险评估

大型油品储罐区风险研究相对困难，通常无法进行实验验证，而事故案例记载不够详细，难以获取燃烧和灭火数据。对于小型的油罐区火灾，国外学者进行了大量的实验研究，分别建立了点源模型和固体粒子火焰模型，为计算罐区热辐射奠定了基础。对于大型储罐区的风险评估，Yamaguchi（1986）对大型液池火灾进行了实验研究，其中最大液池直径为 50m。除了实验，Ryder 等（2004）、Argyropoulos 等（2010）利用数值模拟的方法对罐区进行了建模分析，模拟得出了火焰高度、火焰表面温度分布、火焰倾角和烟气浓度分布等规律。

目前，在国内外罐区定量风险评估中，热辐射强度大都是以传统热辐射模型计算得出的，不考虑时间变化、罐壁遮挡以及火焰自身的扰动。另外，在有风条件下，传统模型预测方法具有一定的局限性，很难得出罐区动态的热辐射强度时空分布。Fire Dynamics Simulator（FDS）模拟考虑了火焰的实际形状以及自身扰动，能够得出热辐射强度随时间空间的变化规律，计算结果相对精确。在多数数值模拟分析中，FDS 模拟主要应用于火焰形状、烟气粒子扩散等问题的研究，少有 FDS 模拟数据与人员风险相结合的研究。本书将 FDS 模拟与人员脆弱性模型结合，建立基于 FDS 模拟的罐区定量动态风险评价方法。可以得到不同环境风速下以及不同的暴露时间下对应的人员动态风险时空分布图和不同风速下消防员灭火的安全距离。研究结果对罐区消防救援具有重要意义。

8.2.1　场景选择

外浮顶储罐通常储存原油、重油等高沸点常压燃料，不存在超压爆炸等。同时外浮顶储罐气体空间相对较少，很难发生大规模蒸汽云爆炸，通常涉及的事故类型为火灾。通过对国内外事故案例的统计分析，归纳总结了 88 起外浮顶储罐的事故场景，具体的事故数量见图 8.4。

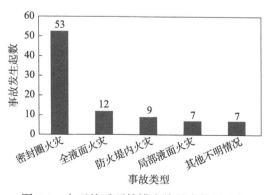

图 8.4　大型外浮顶储罐事故基本场景分类

分析各类事故类型的特点，结合每种事故类型发生的概率，本书选取密封圈火灾、全液面火灾和防火堤火灾作为基本的研究场景。

8.2.2 数值模拟

以某油库中一组原油储罐为例，建立几何模型。该组储罐包含四个 10 万 m³ 的大型原油外浮顶储罐、一间联合泵房和一间流量计间，四个储罐分别位于两个防火堤内。研究区域位于图 8.5 矩形边框内。

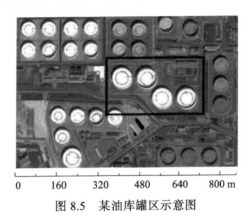

图 8.5 某油库罐区示意图

根据油库提供的资料，本书采用 CAD 软件对选定的油罐区进行全尺寸建模。储罐参数的基本数据见表 8.3，具体几何模型图见图 8.6。

表 8.3 储罐单元基本数据表

罐区单元内部构成	相应数值/m
储罐外径	80.5
储罐内径	80
储罐高度	21.8
原油高度	20.8
浮盘直径	78
防火堤高度	2
罐体间距	20

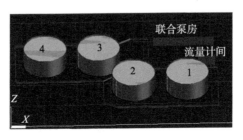

图 8.6 研究区域几何模型示意图

研究区域内的网格空间采用 540 m（长）×360 m（宽）×180 m（高）的长方体空间。本书将立体空间划分为 6 个区域，空间划分示意图见图 8.7。储罐区域划分为 1 m×1 m×1 m 的网格，其他空间区域设置为 2 m×2 m×2 m 的网格。

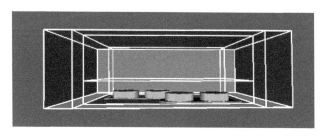

图 8.7　研究区域空间划分图

FDS 中定义火源的方法有两种：一种是指设定固定的热释放速率作为火焰表面的基本属性；另一种是根据化学燃烧方程模拟，主要利用原油的燃烧反应进行计算。本书采用了设置燃烧反应的计算方法，原油性质参考美国国家标准委员会提供的部分数据，见表 8.4。

表 8.4　原油的基本性质

原油基本性质	相应数据值
燃烧热/（kJ/kg）	42600
燃烧速率/[kg/(m²·s)]	0.045
沸点/℃	200
定压比热/[kJ/(kg·K)]	2.4
密度/（kg/m³）	890
碳氢比	0.43

在 FDS 的数据库中通过 Edit Libraries 选择相应材料设定储罐、底座、防火堤等构件材料。设定后基本模型的几何尺寸见图 8.8。

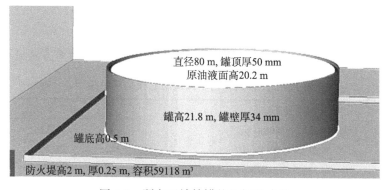

图 8.8　研究区域储罐的几何尺寸图

热辐射计布置在高度为 2 m 的位置处，在该水平面上，布置了 360×540 的热辐射计，行列之间相距为 1 m。通过热辐射计，可以得到 2 m 位置处的热辐射通量值。

研究中通过设置通风口调节风向，研究风速对风险的影响：

$$u = u_0(z/z_0)^{1/4} \tag{8.2}$$

其中，u_0 为 10 m 高度位置处的风速大小，m/s；z 为分析位置距水平面的距离，m；$z_0=10$ m；u 为分析区域的实际风速大小，m/s。u_0 取值设置为 0 m/s，4 m/s，8 m/s。

火灾模拟时间为 60 s，热辐射探测范围为 540 m（长）×360 m（宽）。设置为密封圈火灾、全液面火灾和防火堤火灾三个模拟场景。

8.2.3 人员风险评估

罐区火灾事故发生后，热辐射是造成人员伤亡的一个主要原因。通过大量的事故案例分析和文献上的实验数据，得出了阈值模型，见表 8.5。根据阈值模型，结合热辐射分布可以确定消防员救援的安全区域。

表 8.5 不同热辐射通量所造成的伤害和损失

入射热辐射 /（kW/m²）	对设备、环境的损害	对人体的伤害
25	长时间热辐射，使木材燃烧的最小能力，绝缘热保护的薄型钢可能失去力学性能	重大损伤/10 s，100%死亡/1 min
12.5	电线塑料绝热层熔化，塑料管熔化	一度烧伤/10 s，1%死亡/1 min
7.0	穿戴防护服的消防员最大可忍受的限值	—
4.7	—	15~20 s 引起疼痛，30 s 后烧伤
1.4	—	对人员不会造成伤害

Pietersen（1990）以及 Van Den Bosch 和 Weterings（1997）在阈值模型的基础之上，引入了人员暴露时间，提出了概率模型。利用概率模型，能够定量地计算出不同暴露时间下的人员风险值。

$$P = \frac{1}{\sqrt{2\pi}} \int_{-\infty}^{P_r-5} e^{\frac{-u^2}{2}} \, du \tag{8.3}$$

其中，P 为人员烧伤等级发生的概率；P_r 为概率单位，具体计算方法见表 8.6。

表 8.6 热辐射作用下人员伤亡概率单位模型

概率公式	伤亡等级
$P_r = -39.83 + 3.0186\ln(t \times q^{4/3})$	一级烧伤
$P_r = -39.83 + 3.0186\ln(t \times q^{4/3})$	二级烧伤
$P_r = -36.38 + 2.56\ln(t \times q^{4/3})$	人员死亡

注：其中，t 为人员暴露时间，s；q 为罐区某点处的热辐射通量，W/m²。

人员暴露时间主要指人员撤离到安全区域需要的时间，通过以下公式计算（Book TNO Green，1992）：

$$t_{\text{eff}} = t_r + 0.6 \times \frac{x_0}{u} \left\{ 1 - \left(1 + \frac{u}{x_0} t_v \right)^{-5/3} \right\} \tag{8.4}$$

其中，t_{eff} 为人员有效暴露时间，s；t_r 为人员反应时间，s；t_v 为人员到达热通量 1 kW/m^2 所用的时间；x_0 为人员初始位置距离火焰中心的距离，m；u 为人员的跑步速度，m/s。

本书计算了不同暴露时间下的人员风险值，分析中，人员暴露时间选定为 15 s 和 30 s。

8.2.4 结果分析

设定 2 号储罐为事故储罐，模拟的事故场景包括密封圈火灾、全液面火灾和防火堤火灾。根据当地风向图，风向设定为东南风。

1. 密封圈火灾模拟

图 8.9 给出了密封圈火灾模拟结果，人员暴露时间为 30 s。图 8.9 中轻伤区、重伤区和死亡区分别对应表 8.6 的一级烧伤、二级烧伤和人员死亡。从图中可以看出只有储罐 2 下侧火源位置附近出现小范围的轻伤区，其他大部分区域为安全区域。通过风险分布结果，可以得出罐区密封圈火灾对人员的影响相对较小，可以忽略不计。对历史事故案例统计分析，发现密封圈火灾不能直接造成人员重伤或者死亡。密封圈火灾燃烧范围有限，燃烧释放热量较低，对空间的热辐射通量相对较小。因此，密封圈火灾发生后，可以积极地采取救援措施，必要时可以采取近距离救援，避免事故进一步扩大。

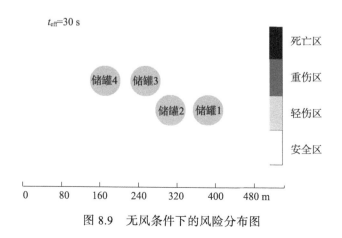

图 8.9 无风条件下的风险分布图

2. 全液面火灾模拟

图 8.10 给出了无风条件下全液面火灾的罐区风险分布图。通过与图 8.9 罐区风险分布图相比，全液面火灾产生的热辐射值相对较高，导致人员伤亡，造成的风险值远大于密封圈火灾。相对于密封圈火灾，全液面火灾燃烧面积大，燃烧速率高，热释放速率快，造成周边区域热辐射通量大。通过比较图 8.10(a)和(b)，可以得出，人员暴露时间越长，人员风险值越大，当人员暴露时间达到 30 s 时，事故储罐周边 40 m 内为重伤区，并且局部出现了死亡区域。全液面火灾燃烧面积大，不易扑灭，很短时间内即可造成附近人员伤亡，因此在缺少救援指导的情况下，避免近距离救灾。

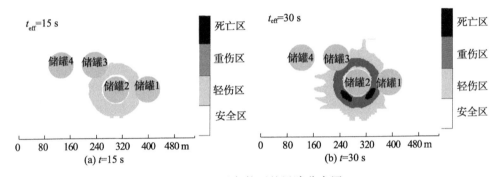

图 8.10　无风条件下的风险分布图

图 8.11 和图 8.12 给出了不同风速条件下的罐区个人风险分布，说明风速大小对于罐区风险的影响。通过与图 8.10 比较，得出全液面火灾罐区风险分布受到风速影响较大，在很短的时间内，下风向的风险区域明显增加，出现了大面积死亡区域。通过图 8.11 和图 8.12 的罐区风险分布，得出在一定范围内，风速越大，下风向的风险值越大，风速 8m/s 的条件下，暴露时间 30s 的致死区域与无风条件下的区域相比，扩大了近 10 倍。

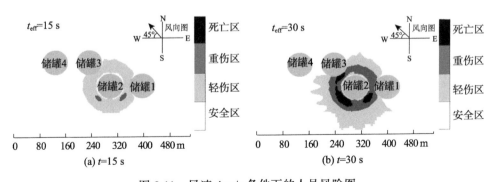

图 8.11　风速 4 m/s 条件下的人员风险图

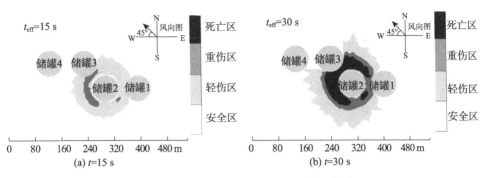

图 8.12　风速 8 m/s 条件下的人员风险图

在有风的条件下，油品火焰会发生一定的倾斜，造成下风向的风险相对较大，与 Mudan（1987）提出的计算结果相吻合。同时一定的风速加快了空气的流动，加快了烟气的扩散，提高了燃烧区域的氧气浓度，促进了原油的燃烧，整体扩大了危险区域范围。因此，全液面火灾发生后，危险性较大，无保护措施的人员应及时撤离，避免盲目救援。在有风条件下的救援，注意风向变化是十分必要的。

图 8.10～图 8.12 中储罐底端附近几米环形区域显示为安全区域，主要是由于罐壁遮挡，但是油品在燃烧过程中会产生喷溅现象，因此应避免进入该区域。

3. 防火堤火灾模拟

图 8.13～图 8.15 给出了防火堤火灾在不同风速条件下的风险分布。从图中可以观察到，防火堤火灾影响区域较大，造成的死亡区域远远大于其他事故场景。通过图 8.13～图 8.15 可以得出：防火堤火灾发生发展迅速，死亡区、重伤区相对较大，发生后事故后果严重；随着风速增加，防火堤火灾影响区域逐渐增加，但变化范围和全液面火灾相比不明显。防火堤内火灾发生后，着火面积较大，烟气集聚，阻碍氧气的进入，因此风速对于防火堤火灾影响相对不明显。

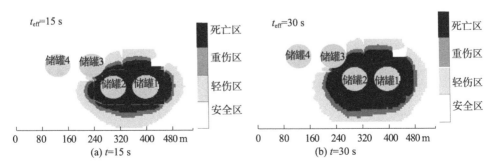

图 8.13　无风条件下的人员风险图

通过上述分析得知风速对全液面火灾影响最大。为了进一步研究风速对于全液面火灾的影响，本书利用阈值判定法对罐区风险进行进一步研究。选择储罐 2 作为事故储罐，不考虑其他储罐的影响，储罐布局见图 8.16。

图 8.17 表示上风向距离储罐 150 m 位置处的热辐射通量随时间的变化趋势。通过图 8.17 分析可得，原油全液面火灾燃烧 20 s 后，开始趋于稳定，火焰自身的卷吸以及湍流特性决定了火焰热辐射具有一定的波动性。

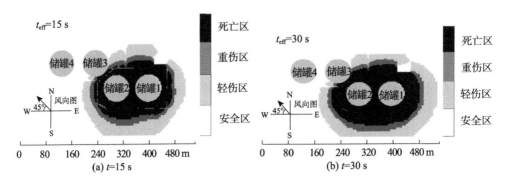

图 8.14　风速 4 m/s 条件下的人员风险图

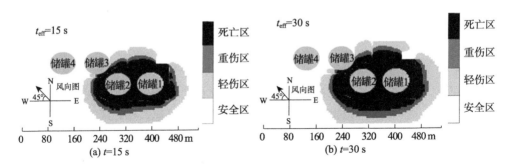

图 8.15　风速 8 m/s 条件下的人员风险图

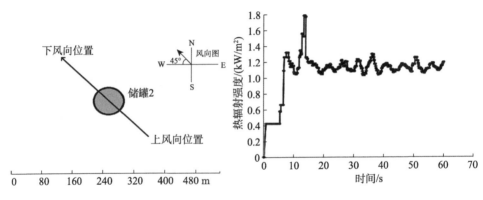

图 8.16　单一储罐布局示意图　　　　图 8.17　某点热辐射强度随时间变化曲线

通过图 8.17 可以得出，事故储罐的邻近位置处在 20 s 以后热通量达到相对稳定值。本书利用了 30～60s 的热辐射强度数据，取该段时间内的热通量数据的算术平均值作为消防人员在该点受到的热辐射值。根据规范设定 7 kW/m² 为穿戴防护服的消防员最大可忍受的阈值。研究了不同条件下消防救援的安全位置，具体见图 8.18～图 8.20。

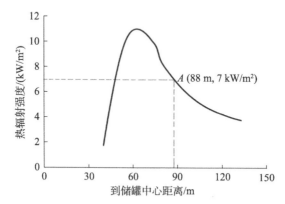

图 8.18　无风条件下的热辐射与储罐距离之间的关系

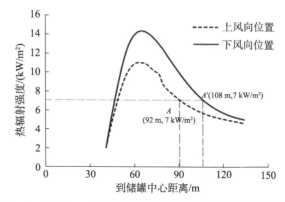

图 8.19　风速 4 m/s 条件下热辐射与储罐距离之间的关系

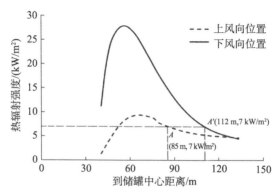

图 8.20　风速 8m/s 条件下热辐射与储罐距离之间的关系

图 8.18~图 8.20 给出了热辐射强度与距离之间的对应关系，确定了不同风速条件下的消防安全距离。从图中可以得出：消防安全距离至少应该大于 90 m，风速对于消防安全距离影响较大，消防员需要根据风速变化进行适当调整；风速可以增加地面某些区域的热辐射强度，如在风速 8 m/s 的条件下，储罐下风向 0.2D（D 为储罐直径）附近地面的热辐射通量大于无风条件下的两倍，地面人员以及装置应该尽量避免该区域。

在罐区周边区域，储罐对于热辐射存在一定的遮挡，随着距离增加，遮挡效应减小，距离起到主导作用，因此热辐射强度在部分区间内存在随着距离增加而增加的现象。风速能够加快烟气扩散，减小烟阻效应，增加燃烧区域氧气浓度，同时促使火焰发生一定的倾斜，因此下风向某些区域的热辐射通量增加十分明显。对于 10 万 m³ 的大型储罐，热辐射阈值区域出现在距事故储罐 60 m 附近，在灭火救援过程中应避免进入该区域。

8.3　基于雷击事件链的罐区风险评估

雷击是导致罐区火灾的一个主要原因。本书根据国际电工委员会提供的雷击判定准则，计算闪电击中不同尺寸浮顶储罐的概率，并基于案例分析结果，估算闪电在击中不同尺寸浮顶储罐的情况下导致火灾的概率。以罐区的火灾为例，研究基于多米诺效应的火灾链式风险评估方法，建立雷电事件链风险评估模型，以个人风险值和社会风险表征罐区的风险值大小。具体的研究思路见图 8.21、图 8.22。

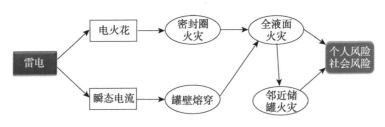

图 8.21　罐区雷击事件链分析示意图

8.3.1　雷击风险评价流程

雷击包含首次脉冲电流，还可能包含持续电流、序列脉冲电流或两者都有（苏伯尼等，2013），如图 8.23 所示。

其中，首次脉冲必然存在而且幅度最大，因此本书只考虑首次脉冲的影响。闪电电流与负载电阻无关（即一条闪电的电流是确定的，无论击中什么物体），

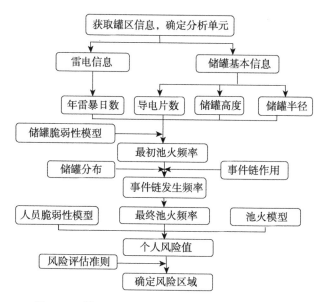

图 8.22　罐区雷击事件链风险评估的技术路线图

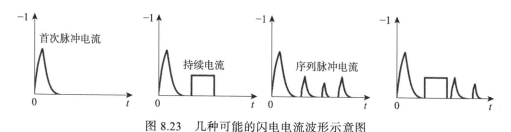

图 8.23　几种可能的闪电电流波形示意图

依据国家标准估算：对于年雷暴日超过 20 天的地区，雷电实际电流超过 I 的计算公式如下（IEC 62305-2）：

$$\lg P = -I/88 \tag{8.5}$$

其中，I 为电流幅度值，kA；P 为雷电实际电流超过 I 的概率。

根据国际电工委员会 IEC 62305-1 中附录 B 的内容，雷击电流时间参数可近似为式（8.6）：

$$i = \frac{I}{k} \cdot \frac{(t/\tau_1)^{10}}{1+(t/\tau_1)^{10}} \cdot \exp(-t/\tau_2) \tag{8.6}$$

其中，I 为峰值电流，k 为峰值电流的修正系数，t 为时间，τ_1、τ_2 为前段时间常数和尾迹时间常数。对于负脉冲的首次短冲击，取 $\tau_1=1.82\ \mu s$，$\tau_2=285\ \mu s$，$k=0.986$。

I 对 t 积分可得一次闪电电量 Q 与峰值电流 I 有如下关系：

$$Q = I \times 2.872 \times 10^{-4} \tag{8.7}$$

本书只考虑直击雷对油罐的威胁，根据《油品储运设计手册》不同容积的浮顶罐的标准尺寸，见表8.7。

表 8.7 浮顶储罐标准尺寸

容积/万 m³	罐直径/m	罐壁高/m
1	28.50	15.85
2	40.50	15.85
3	46.00	19.35
5	60.00	19.35
10	81.00	21.10

要考虑直击雷导致的油罐火灾的事故率，必须先得到闪电击中油罐的事故率。根据国际电工委员会 IEC 62305-2，建筑物遭雷击的危险事件次数 N_D 可用如下公式计算：

$$N_D = N_G A_D C_D \times 10^{-6} \tag{8.8}$$

$$N_G = 0.024 T_d^{1.3} \tag{8.9}$$

$$A_D = \pi (R+3H)^2 \tag{8.10}$$

其中，①N_G 为雷击大地密度。在没有统计数据的情况下，可按照国标《建筑物防雷设计规范》（GB 50057—2010）中规定的 N_G 与雷暴日数 T_d 的关系公式（8.9）估算。取青岛地区（黄岛油库事故发生地）的雷暴日数 23，代入式（8.9）得 $N_G=1.4/(\text{km}^2 \cdot \text{a})$。即每年每平方公里平均会遭受 1.4 次雷击。②$A_D$ 为建筑物等效截收面积。对于平地上高为 H 半径为 R 的建筑物，代入不同的油罐尺寸可得不同的 A_D。③C_D 为建筑物位置因子，考虑建筑物的相对位置。大型储油罐一般会成片设置，每个罐周围都有大约相同高度的其他罐。因此，该因子应该取"被相同高度或更矮的对象或树木所包围"对应的 0.5。图 8.24 的油罐尺寸数据可得不同容积油罐每年遭受雷击次数的期望 N_D。

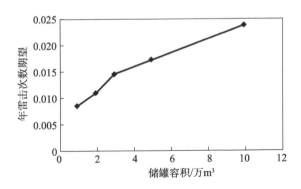

图 8.24 不同容积储罐年雷击次数期望

通过分析国内近几年发生的浮顶储罐雷击着火事故，可以发现雷击起火部位主要发生在浮顶边缘密封圈处。实际储罐的二次密封上分布着一圈导电片，相邻两个导电片间隔不超过 3 m。假设相邻两个导电片间隔 3 m，可以计算出不同尺寸油罐上的导电片数量 n（等于周长除以 3 m）。浮顶是金属的，且体积很大，因此阻抗很小，近似认为是等势体，因此所有导电片近似是并联的，要产生火花大约需要 $n×400$ A 的闪电电流。按照式（8.5），可得闪电电流达到这个值的概率，这也就是闪电击中油罐情况下产生火花的概率。再乘以每年闪电击中油罐次数的期望，可得每年因闪电击中油罐产生火花次数的期望（图 8.25）。

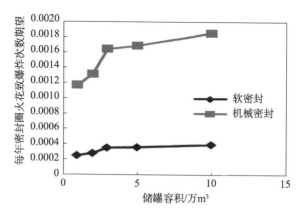

图 8.25　不同容积储罐每年密封圈火灾事故次数的期望

事实上，机械密封中密封圈其他位置，如密封钢板和管壁之间的缝隙、螺栓与被固定组件之间的间隙，在雷击时也可能产生火花，因此机械密封罐的实际事故概率还要比这里的估算值大一些。可见，机械密封储罐比软密封储罐因雷击发生火花导致火灾的概率大得多，这符合近年来我国发生的密封圈雷击起火事故中起火油罐浮盘一次密封都采用了机械密封这一事实。

池火发生后，各类事故模型可以参考地震风险评价的原理，建立池火模型、事故扩展模型等计算罐区风险的大小。

雷击风险评估中，应用到的池火模型、事故扩展模型和风险计算模型与地震所应用到的基本保持一致。对于事故扩展模型，由于雷击过程破坏范围有限，因此第二种事故扩展的机理不适用于雷击风险评估。在计算中，不考虑第二种方式导致的事故扩展。

8.3.2　算例研究

以黄岛油库为例进行实证研究，该油库主要分为两类储罐：5 万 m³ 和 1 万 m³ 的储罐。算例中选择一组容积为 5 万 m³ 的储罐。基本条件设定：储罐半径为 30 m，全年的主导风向为北风，风速为 6 m/s，雷暴日数为 26 天。为了定量研究储罐之间的相互影响，分别选择了储罐 1 和储罐 3 作为最初的事故储罐。

通过表 8.8 和表 8.9，可以得出邻近事故储罐，并且处在事故储罐下风向位置的失效概率接近 1。因此，最初单个储罐事故很容易扩展成为多储罐事故，进而造成灾难性的后果。

表 8.8　储罐在不同热辐射条件下失效的概率 1

储罐 1 池火	储罐 2	储罐 3	储罐 4
热辐射值	15.42	9.55	4.14
破坏概率	49.86%	0.95%	0.000

表 8.9　储罐在不同热辐射条件下失效的概率 2

储罐 3 池火	储罐 2	储罐 1	储罐 4
热辐射值	7.28	29.23	15.44
破坏概率	0.000	95.63%	49.99%

为了从整体上研究考虑事件链风险的必要性。算例分别对比了不考虑事件链和考虑事件链两种情况下的风险分布图，结果见图 8.26 和图 8.27。

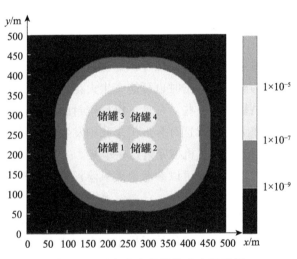

图 8.26　不考虑事件链的个人风险图

通过结果对比分析，在考虑事件链的条件下，风险值大于 10^{-5} 的区域明显增大。在目前对个人风险的规定中，该区域为重点规划区域，新建装置或者关键设备应该避免在该区域出现。不考虑事件链的计算结果危险区域要明显小于考虑事件链的。因此在罐区规划中，要充分考虑灾害事件链造成的严重后果。

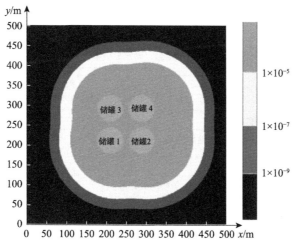

图 8.27　考虑事件链的个人风险图

8.4　基于地震事件链的罐区风险评估

地震事件链风险分析主要包括：地震频率分析、储罐脆弱性分析、池火风险分析和人员脆弱性分析。其中，储罐脆弱性分析包括两部分：地震冲击下储罐失效概率分析和在热辐射作用下储罐失效分析。根据国外的统计数据，总结归纳储罐在地震波的作用下发生破坏的概率。以罐区池火作为事故序列的一部分，建立了地震事件链模型。同时引入了个人风险和社会风险来表征地震下罐区风险大小。具体的研究路线见图 8.28 和图 8.29。

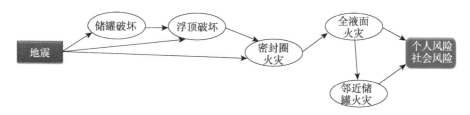

图 8.28　地震事件链风险分析原理图

8.4.1　地震下池火发生频率

Salzano 等（2003）对 400 起地震下储罐破坏的情况进行了研究和总结，得出了如下经验公式：

$$Y = k_1 + k_2 \ln \text{PGA} \tag{8.11}$$

$$P_i = \frac{1}{\sqrt{2\pi}} \int_{-\infty}^{Y-5} e^{-V^2/2} dv \tag{8.12}$$

其中，P_i 为储罐在地震下发生破坏的概率。k_1，k_2 的具体值见表 8.10。

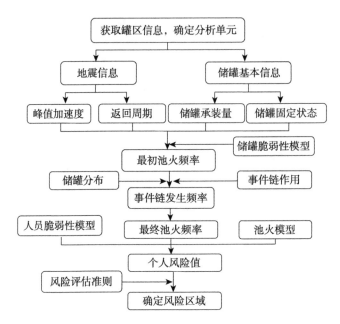

图 8.29　地震事件链风险分析技术路线图

表 8.10　地震下储罐发生破坏的 k_1，k_2 取值（杨国梁，2013）

储罐类型	储存量	损坏等级 DS	k_1	k_2
固定常压储罐	装满	≥2	7.01	1.67
	装满	3	4.66	1.54
	≥50%	≥2	5.43	1.25
	≥50%	3	3.36	1.25
未固定常压储罐	装满	≥2	7.71	1.43
	装满	3	5.51	1.34
	≥50%	3	4.93	1.25

根据式（8.11）与式（8.12），结合地震局提供的相关地震数据，可以定量计算出在地震下储罐发生破坏的概率。根据目前经验值，很多油品点燃的概率设定为 0.01，即可计算出油品发生池火的概率。

8.4.2　事故扩展模型

罐区储罐发生事故后，产生危险有害因素，如爆炸冲击波、爆炸碎片、热辐射等。专题主要研究对象为大型浮顶储罐，相对气体空间较小，因此，考虑的危险有害因素以热辐射为主。在危险有害因素的作用下，邻近储罐脆弱性增加，极易引发连锁事故。本节对大型储罐之间的相互影响做了进一步的分析研究。

根据挪威船级社（DNV-DET NORSKE VERITAS，DNV）提出的储罐破坏机理，当储罐的罐壁吸收的能量超过 20000kJ 时，储罐即发生失效（杨国梁，2013）。ttf 可通过热破坏能量阈值与吸收热辐射量的比值来计算。

根据对大型储罐事故案例分析，储罐火灾得到控制的时间（time to effective mitigation，tte）分布见表 8.11。

表 8.11　储罐火灾得到控制时间（tte）分布情况

区间号	时间区间	频数	频率
1	0<tte≤5	1	0.056
2	5<tte≤10	1	0.056
3	10<tte≤15	4	0.222
4	15<tte≤20	6	0.333
5	20<tte≤25	5	0.222
6	25<tte≤30	1	0.056

根据储罐破坏准则，当 ttf < tte 时，认为储罐没有发生失效，反之则认为储罐发生了失效。

$$P_{i-j_1} = P(\text{tte} > \text{ttf}) = 1 - \int_0^{\text{ttf}} 0.067 e^{-0.014(\text{tte}-21.618)^2} d\text{tte} \qquad (8.13)$$

在地震条件下，由于地震波的冲击作用，储罐在一定程度上受到了损坏，因此事故扩展的概率大大增加。储罐在地震下事故扩展分为两类：储罐罐壁在热辐射作用下失效和储罐在地震下泄漏，后被引燃失效。第一种失效模式概率可以根据前面提供的模型计算得出。第二种失效模式概率，可以根据储罐在地震条件下的脆弱性求得。

储罐在地震下，事故扩展计算公式如下：

$$P_{i-j} = P_{i-j_1} + P_j \qquad (8.14)$$

其中，P_{i-j} 为储罐 i 导致储罐 j 发生事故的概率；P_{i-j_1} 为第一种事故扩展概率；P_j 为地震下储罐 j 发生破坏的事故扩展概率。

在确定储罐遭受的热辐射值时，结合式（8.13）与式（8.14），可以确定邻近储罐发生破坏的概率。

8.4.3　风险计算原理

1. 单个储罐的风险计算原理

在危险有害因素的作用下，救灾人员死亡概率与暴露时间和热辐射强度息息相关。国外对该领域进行了大量的实验，得出了相应的经验公式。Lees（2012）在算例研究应用中，建立了人员脆弱性模型，并且得到了广泛的应用。本书采用该模型计算个人风险值的大小，其中暴露时间设定为 15 s。具体公式如下：

$$Y = -14.9 + 2.56\ln(6\times10^{-3} q^{1.33} t_e) \tag{8.15}$$

$$R_p = \frac{1}{\sqrt[2]{2\pi}} \int_{-\infty}^{Y-5} e^{-\frac{x^2}{2}} dx \tag{8.16}$$

由此可以计算出人员在危险有害因素的作用下人员死亡的概率值，单个储罐的计算原理是多个储罐风险计算的基础。

2. 多个储罐风险计算原理

1）不考虑事件链情况

在不考虑事件链的情况下，即储罐之间的影响忽略不计。计算方法如下：

$$R(x,y) = \sum_{i=1}^{n} f P_i V_i(x,y) \tag{8.17}$$

式中，f 为罐区地震发生的频率；P_i 为储罐 i 遭到雷击后发生破坏的概率；$V_i(x,y)$ 为罐区内某点人员死亡的概率；$R(x,y)$ 为罐区内某点的个人风险值。

2）考虑事件链情况

本节以两个储罐为研究对象进行说明，示意图见图 8.30。

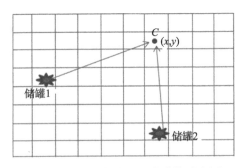

图 8.30　两个储罐的风险计算示意图

风险计算值如下：

$$R_c(x,y) = (f\times P_1 + f\times P_2 P_{21})\times V_{1c} + (f\times P_2 + f\times P_1 P_{12})\times V_{2c} \tag{8.18}$$

因此，在考虑储罐之间相互影响的条件下，罐区内地震导致的个人风险值计算方法如下：

$$R(x,y) = \sum_{i=1}^{n} \left((f_i P_i + \sum_{j(j\neq i)}^{n} f_i P_j P_{ji}) V_i(x,y) \right) \tag{8.19}$$

综上可以计算出罐区内某点由于地震导致储罐发生事故造成的个人风险值。

8.4.4　算例研究

以黄岛油库为例进行实证研究，选择四个 5 万 m³ 的储罐进行研究。为了进一步说明罐区事故的扩展性，在算例中，专题设定了不同储罐作为最初的事故储罐。通过计算，得出罐区某储罐在灾害情况下发生池火事故，极易导致事故的扩展。算例的基本环境设定为：地震返回周期为 100 年，地震峰值加速度为 0.05 g。储罐半径为 30 m，全年的主导风向为北风，风速为 8 m/s。表 8.12 列出了在计算过程中的部分结果。

当储罐 4 发生事故时，储罐 2 和储罐 3 与储罐 4 距离相同，但是在风速作用下，储罐 2 受到的热辐射值大于储罐 1。储罐 1 距离储罐 4 最远，因此受到的热辐射值相比最小。通过表中储罐破坏的概率值，可以得出在不利的条件下，事故扩展概率接近 90%。因此，在罐区事故中，不考虑事件链的扩展是不合理的。通过表 8.12 和表 8.13 的储罐破坏概率可以得出：储罐间距是导致事件链扩展的一个关键原因，同时风速对于事件链扩展的影响很大。

表 8.12　在下风向储罐发生全液面火灾后邻近储罐破坏概率

储罐 4 池火	储罐 1	储罐 2	储罐 3
热辐射值（kW）	8.8	26.6	20.4
破坏概率	0.0%	93.6%	80.9%

表 8.13　在上风向储罐发生全液面火灾后邻近储罐破坏概率

储罐 1 池火	储罐 2	储罐 3	储罐 4
热辐射值（kW）	33.5	26.6	13.8
破坏概率	97.4%	93.5%	32.9%

为了整体反映事件链评估与常规风险评估的区别。算例定量计算了在地震条件下，不考虑事件链与考虑事件链得出的风险分布图，具体见图 8.31 和图 8.32。

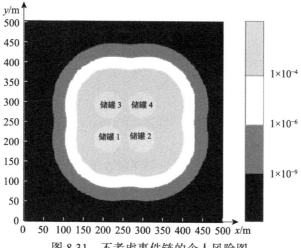

图 8.31　不考虑事件链的个人风险图

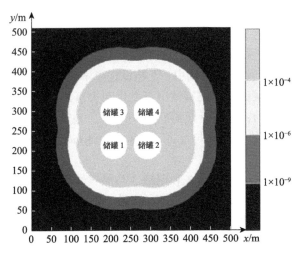

图 8.32　考虑事件链的个人风险图

8.5　罐区溢油风险评估

溢油是罐区常见的事故之一，给罐区带来了巨大的威胁。专题根据潜水方程，结合罐区地理高程信息，对罐区溢油进行数值模拟。通过模拟，确定了在不同泄漏量条件下的溢油影响范围。

8.5.1　研究方法

将浅水方程组的扩散波近似应用到油库地面溢油模拟中：

$$\frac{\partial h}{\partial x} + bu = 0 \tag{8.20}$$

$$\frac{\partial h}{\partial y} + bv = 0 \tag{8.21}$$

$$\frac{\partial h}{\partial t} = -d\left(\frac{\partial u}{\partial x} + \frac{\partial v}{\partial y}\right) \tag{8.22}$$

其中，h 为油面的高程，m；d 为油的深度，m；u、v 为 x、y 方向速度分量，m/s；b 为黏滞阻力系数，s/m。

在水力学中，由于水的黏度很低，黏滞阻力系数一般使用 Manning 公式等半经验公式确定。采用这种公式无法有效考虑石油的黏性，因此需要进行修改。根据 Darcy-Weisbach 公式来计算黏滞阻力系数。Darcy-Weisbach 唯象公式是估计明渠能量损失的有效方法。

$$\Delta p = f \times \frac{L}{D} \times \frac{\rho V^2}{2} \tag{8.23}$$

其中，Δp 为压力差，Pa；f 为 Darcy 摩擦系数；L 为沿流动方向的长度，m；D 为水力直径，m，即截面积的 4 倍除以接触边界长度，地面流动中应该取水深 d 的 4 倍；ρ 为流体密度，kg/m³；V 为截面平均流速，m/s，等于 $\sqrt{u^2 + v^2}$。

综合 Darcy-Weisbach 公式和浅水方程可得，油品流动速度方向与梯度方向 ∇h 相反，大小为

$$|V| = \sqrt{\frac{8g}{f}}\sqrt{d|\nabla h|} \tag{8.24}$$

在不同的雷诺数（$Re = \dfrac{VD}{v}$）范围，Darcy 摩擦系数的计算公式也有所不同。

$$\text{当 } Re<500 \text{ 时，} \quad f = 24/Re \tag{8.25}$$

$$\text{当 } 700<Re<25000 \text{ 时，} \quad f = 0.244/Re^{0.25} \tag{8.26}$$

当 $Re>25000$ 时，需要求解明渠 Colebrook 方程才能得到 f 的具体数值。

$$\frac{1}{\sqrt{f}} = -K_1 \log\left(\frac{k_s}{K_2 R} + \frac{K_3}{4Re\sqrt{f}}\right) \tag{8.27}$$

其中，k_s 为地表粗糙度，m；K_1、K_2、K_3 为常数，部分学者已经通过实验测出。这是一个隐式方程，难以写出 f 的表达式，但可以迭代求数值解。

模拟考虑了建筑物和储罐对溢油流动的阻挡作用，认为油无法穿过建筑物和油罐，将其作为边界处理。实际储罐泄漏事故中，罐体很难瞬间破碎，一般都是通过破损口持续泄漏。泄漏量按照如下公式计算：

$$Q = CA\sqrt{g\Delta h} \tag{8.28}$$

其中，C 为泄流因子；A 为破损口截面积，m³；g 为重力加速度，m/s²，Δh 为储罐内外液位差，m。

8.5.2 算例研究

以黄岛油库为例进行实证研究。黄岛油库隶属于中石化管道储运分公司，为全国最大的原油中转基地。占地面积约 76.6 万 m²，罐区以 5 万 m³ 和 10 万 m³ 原油浮顶储罐为主，总储油容量超过 200 万 m³。

目前，黄岛油库的储罐都配备防火堤。单独储罐泄漏时油品不会流出防火堤，不会造成严重损失。本书主要研究可能造成严重后果的多储罐同时泄漏事故。虽然此类事故发生概率极低，但地震等严重自然灾害有可能引起这样的破坏。

选取三个算例进行详细研究。算例 1 中，4 个 10 万 m³ 原油储罐同时破损导致泄漏。算例 2 中，3 个 5 万 m³ 原油储罐同时破损导致泄漏。算例 3 中，4 个

5 万 m³ 原油储罐同时破损导致泄漏。三个算例中，总泄漏量随时间变化曲线如图
8.33 所示。

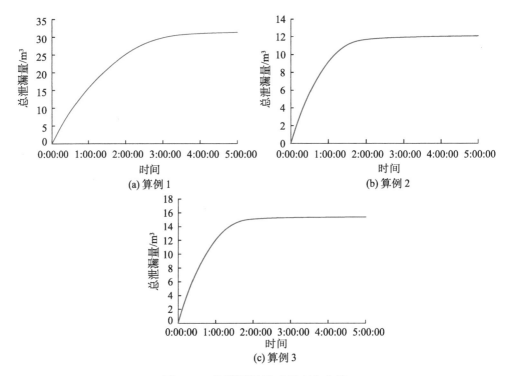

(a) 算例 1

(b) 算例 2

(c) 算例 3

图 8.33　总泄漏量随时间变化曲线

　　泄漏开始时，储罐内装满油，外部没有油，内外高度差最大，因此泄漏速度
最大。随着泄漏过程的继续，防火堤内逐渐积聚油品，有了一定液位，同时罐内
液位也因泄漏而降低，泄漏速度逐渐下降。最终，储罐内外液位齐平，不再泄漏。
因此最终的总泄漏量会比泄漏储罐的总承装量少一些。算例 1 的溢油深度时空分
布如图 8.34 所示。

　　开始时，油品在防火堤内积聚并最终超过防火堤深度。油品溢出后向地势较
低的北方和西北方流动，向北方流动的油灌满了一个小型的四储罐防火堤后继续
灌向另一个小型的四储罐防火堤。向西北方流动的油也灌入了一个防火堤。如果
此时油品起火，将导致火势迅速蔓延到多个储罐，形成大范围火灾。算例 2 的溢
油深度时空分布如图 8.35 所示。

　　同样，油品在防火堤内积聚并最终超过防火堤深度。油品溢出后向地势较低
的北方和东方流动，向北方流动的油灌向一个小型的四储罐防火堤。向东方流动
的油灌入了一个大型四储罐防火堤。由于泄漏量小加上下游防火堤容量大，溢油
范围和溢油深度都小于算例 1。算例 3 的溢油深度时空分布如图 8.36 所示。

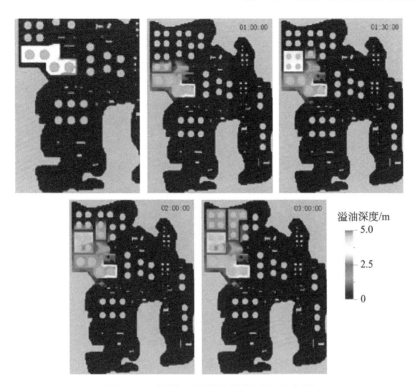

图 8.34　算例 1 的溢油深度时空分布图

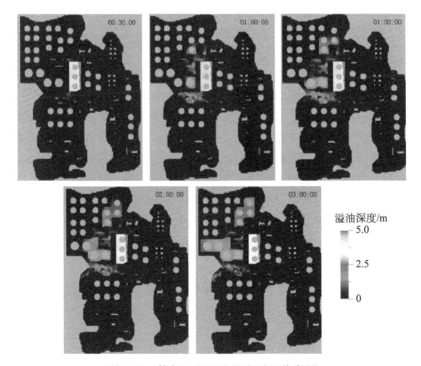

图 8.35　算例 2 的溢油深度时空分布图

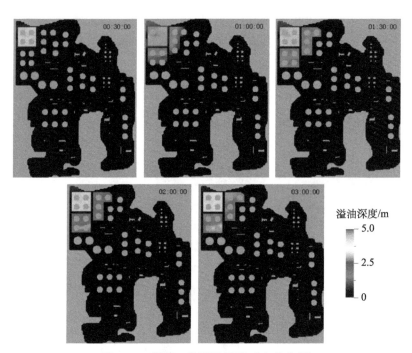

图 8.36　算例 3 的溢油深度时空分布图

　　算例 3 中，溢油范围和深度都不很大，似乎危险性不大。但是，由于溢油位置接近海边，如果防火堤出现问题很容易形成海上溢油，对环境造成污染并增加清理难度，因此对此类事故绝对不能忽视。

8.5.3　计算结果分析

　　通过将水力学常用的浅水方程组引入地面溢油模拟，对相关参数进行了修正，如黏度系数、密度等，建立了一种地面溢油的数值模拟方法。结合黄岛油库的实际情况，对一些算例进行了数值模拟。结果显示，现有防火堤可以有效防止单个储罐泄漏的蔓延。但在多个储罐同时泄漏时，依然存在油品溢出防火堤并在地表扩散甚至灌入其他防火堤的可能性。如果此时油品起火，将导致火势迅速蔓延到多个储罐，形成大范围火灾。此外，靠近海边的油罐泄漏还可能导致油品进入海洋，增加事后处理难度。通过专题开发的程序，利用计算机数值模拟，能够快速确定出油品泄漏后的污染面积以及污染面积的分布，为事故应急提供决策依据。

8.6　大型罐区综合风险评估和布局规划软件系统

8.6.1　软件系统设计

　　在研究大型罐区风险评估方法的基础上，开发了基于三维 GIS 平台的大型油罐区综合风险评估和布局规划软件系统。系统是大型罐区综合风险评估方法的具体应用，包括综合风险评估、布局规划、应急能力评价等功能模块，可以对大型罐区典型灾害事故开展定量动态综合风险评估及布局规划分析，为油库的安全运营提供切实的保障。

大型油罐区综合风险评估与布局规划系统平台设计充分体现我国政府安全监控及应急管理体系建设的精神，重点对大型油罐区的风险进行评估，通过数学模型及参数进行模拟，为日常的安全管理与风险预警提供高效便利的平台。系统充分运用、集成各种先进的算法、模型等技术手段，依据完整的安全生产理论框架和方法论体系，紧密结合油罐区生产风险和工作业务，实现风险分析三维可视化等。大型油罐区综合风险评估与布局规划系统结合应急资源库、辅助决策分析、GIS 空间分析技术等，能够为应急救援工作提供事故应急资源分布位置，大大提高事故应急救援的反应能力和救灾的科学性。

大型油罐区综合风险评估与布局规划系统平台具备风险评估与应急资源管理功能，包括技术支撑层、信息资源层、服务支持层、应用业务层等。技术支撑层主要是支撑系统正常工作的硬件设备和基础信息网络；信息资源层存储系统所用的全部数据；服务支持层为各个应用业务提供数据处理与控制的支持；应用业务层实现用户业务需求与用户的交互界面，包括所有的用户界面。其中服务支持层是系统的核心，根据应用业务层的使用需求，通过对服务支持功能模块访问取得操作信息资源层的数据进行计算，完成相应的功能，并将结果返回表现层展现给用户。软件的具体构架见图 8.37。

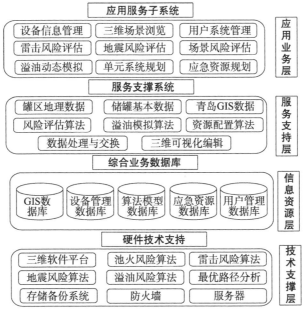

图 8.37　软件系统体系架构图

　　软件主体主要分为三大模块：风险分析模块、罐区规划模块以及应急救援模块。风险分析模块主要分析雷击事件链风险、地震事件链风险、罐区溢油动态模拟和罐区综合风险分析几大部分，具体见图 8.38。罐区规划模块分为罐区单元风险规划和罐区整体风险规划。应急救援模块主要包括周边应急资源分布和周边应急路径规划两大部分。每一部分的计算结果都是以界面图形渲染的方式返回给用户，结果直观明显。

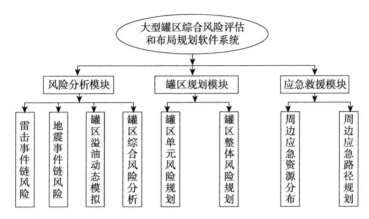

图 8.38　软件重要应用功能示意图

8.6.2　罐区风险分析模块

1. 地震事件链风险评估

　　地震事件链风险评估定量地计算了由于地震作用导致的个人风险大小和社会风险大小。地震事件链中需要输入的参数主要有地震返回周期、地震峰值加速度、环境风速、温度以及储罐油品的基本信息。通过网格化计算，得出罐区各点的风险值大小，从而绘制出个人风险图，再通过三维渲染方式最终展现在三维模拟厂站中，具体形式见图 8.39、图 8.40。

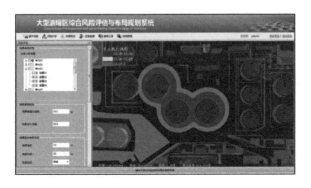

图 8.39　地震风险评价示意图

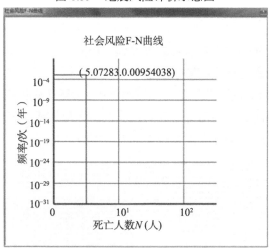

图 8.40　地震风险评估中社会风险曲线

通过图 8.40，可以直观得出由于地震作用造成的人员风险值。通过与个人、社会风险准则的对比，能够确定出地震对罐区造成的影响以及罐区分布是否合理。

2. 雷击事件链风险评估

雷击事件链风险分析主要研究由于雷电导致的罐区人员伤亡风险，通过计算定量得出人员风险值，通过直观的颜色绘制在三维场景中（图 8.41）。用户通过输入不同雷击参数，利用雷击风险评估算法，最终得出风险评估结果，然后再通过三维渲染方式最终展现在三维模拟厂站中。

图 8.41　罐区雷击事件链风险评估

3. 池火场景风险评估

池火场景风险分析主要是针对救灾过程中的人员风险。在该模块中，用户可以设定现实事故场景，计算不同事故场景下的人员风险值，利用不同颜色代表不同风险大小，通过直观的颜色绘制在三维场景中，为罐区救援提供参考（图 8.42）。用户通过输入储罐油品相关信息，利用池火风险评估算法，最终得出风险评估结果，然后再通过三维渲染方式最终展现在三维模拟厂站中。

图 8.42　池火场景风险评估

4. 溢油动态模拟

溢油动态模拟功能模块主要为了模拟厂站中油罐区发生溢油事故，通过不同颜色表示不同溢油深度，动态实时模拟不同区域溢油深度，直观展示在三维模拟厂站中，使用户能直观感受溢油事故风险范围变化（图 8.43）。

图 8.43　溢油动态模拟示意图

8.6.3　罐区规划模块

1. 单元规划

单元规划主要是针对罐区单元中储罐老旧化严重，需要更换、重新设计等问题。用户可以选择储罐规划单元，规划单元内的原油储罐会被隐藏。之后通过添加储罐类型，动态添加到三维场景中，对储罐进行移动拖曳确定储罐位置，最后保存自定义规划方案，为之后的整体风险评估做准备。系统会自动保存最初的原始方案和最新的设计方案，通过整体风险分析得出设计前后的风险对比图，便于得出最佳的设计方案（图 8.44）。

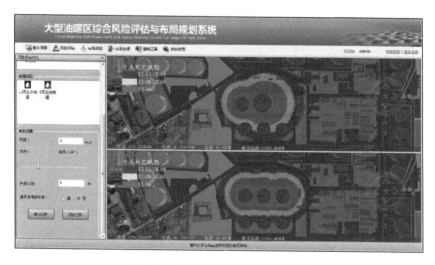

图 8.44　罐区单元规划对比示意图

2. 罐区整体规划

罐区整体规划模块主要针对整个罐区进行规划，基本设计原理与单元规划设计原理大体相同。通过罐区整体规划，得到罐区整体的最佳设计方案。

8.6.4　应急分析模块

应急分析模块主要是结合 GIS 对应急资源位置以及救援路径进行分析，为应急救援提供决策支撑。在分析中，GIS 主要提供了道路、水源、医院、消防站等位置信息。

1. 应急资源位置确定

在该部分，用户可以查看罐区周边 5 km、10 km、20km 的消防、医疗、水源资源信息，通过单击可定位查看具体资源位置（图 8.45）。

2. 应急路径的确定

救援路径分析模块主要用于智能分析厂站周边应急资源点到厂站最短路径并规划救援路径方案，实现应急救援分析并在三维场景中显示规划路径（8.46）。

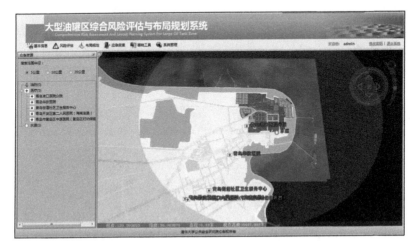

图 8.45　应急资源位置信息

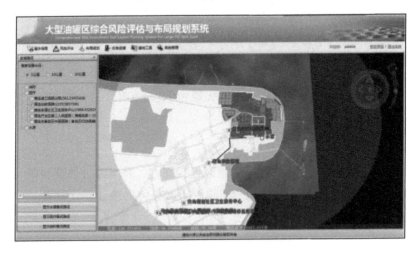

图 8.46　救援路径分析示意图

第 9 章

城市脆弱性分析和多灾种综合风险评估系统

本章以第 4 章至第 8 章所述的城市脆弱性分析和多灾种综合风险评估研究成果为基础，建立城市脆弱性分析和综合风险评估软件系统，进而实现对各类灾害情景下城市综合风险评估结果的管理，为城市管理提供直观的决策支持。

9.1 数据收集与处理

在风险评估中，历史自然灾害是非常重要的一种参考数据。国内外灾害数据库非常多。既有全球、大洲级、国家级的综合自然灾害数据库，又有针对具体灾种的数据库。其中，由灾后流行病研究中心（Centre for Research on the Epidemiology of Disasters，CRED）管理和维护的突发事件数据库（Emergency Events Database，EM-DAT）影响力较大。目前，国外大部分灾害数据库均有较为明确的收录数据标准，如 EM-DAT 要求至少满足死亡>10 人、受伤>100 人。同时，国外灾害数据库的数据结构、检索条件及查询结果等的设计也较为规范。

国内外对损失评估数据库的研究围绕地震灾害展开的最多，综合性的损失评估数据库较少。2003 年，由美国联邦应急管理局（FEMA）和国家建筑科学院（NIBS）联合开发了综合风险评估软件（HAZUS- MH），涉及地震、洪水、飓风、海啸等多灾种，可以快速估计美国国内任何社区的潜在灾害损失，包括直接经济损失、间接经济损失和社会影响损失等（FEMA. Hazus-MH 2.1 Earthquake Model Technical Manual）。

HAZUS-MH 是一套综合风险评估软件，其功能的实现完全取决于其中的数据。准确、齐全、详细的数据很大程度上改善了损失评估的准确性。其数据库现已拥有 200 多个数据层，且在不断更新中，包括边界、建筑物和设施（一般建筑群体、重要设施）、交通系统（高速公路、铁路、轻轨、公交、码头、渡口、机场）、生命线设施系统（供水、污水、输油、天然气、电力、通信）、危化品设施、人口统计数据（人口年龄、性别、收入结构等）、高危险设施（水坝、堤坝、核设施、危险品堆放地、军事设施）等。HAZUS-MH 对数据模型的描述非常规范、细致，其数据字典长达数百页（FEMA. Hazus-MH 2.1 CDMS Data Dictionary）。HAZUS- MH 是建立在 ArcGIS 上的一种全面的风险分析软件包，运行用户根据数据基础和评估精度的需求，进行不同层次的评估，可以分为三个层次：用默认数据分析、用用户提供的目录数据分析、用用户提供的参数分析。

　　HAZUS-MH 的默认数据库中含两类数据，第一类是独立设施数据，第二类是按照国家或者统计单元进行统计的数据，来源于国家数据库。基于此数据和内嵌在 HAZUS-MH 中的分析参数分析，一般只能用于初步研究或较大范围的减灾规划。

　　利用 HAZUS-MH 进行更为完整的损失评估研究，需要用户自己的数据。HAZUS-MH 提供的功能包括：创建一个区域目录、数据标准化和数据分类（建筑物类型分类、建筑物用途分类）、目录数据库、目录需求、建筑物类型和用途的关系。同时，HAZUS 也可按估算赋值，如无法知道每一种建筑物的结构、用途，就假设居民区的建筑 50%是砖块，50%是木头，生命线也是如此，如每个人口普查单元中的给水管线长度用街道长度来代替。

　　HAZUS 中有两个输入数据的工具：一个是直接编辑、修改目录数据，一个是通过复杂数据管理系统 CDMS 输入（FEMA. Hazus-MH 2.1 Earthquake Model User Manual）。HAZUS-MH 复杂数据管理系统功能包括：导入独立地物目录数据，导入和生成建筑物统计数据，统计独立建筑物数据，增加、编辑和删除建筑，导入、更新、导出研究区域数据等。CDMS 的数据导入过程如图 9.1 所示，其本质上是数据清洗、转换的过程。

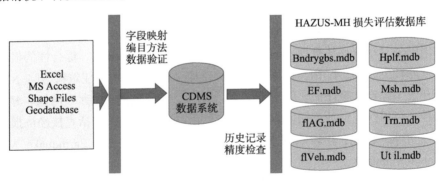

图 9.1　CDMS 数据导入过程

9.1.1　风险评估所需数据内容

　　根据对国际国内研究所需的数据情况的总结，城市风险评估所需的数据内容主要包括地理信息资料、气象水文地质资料、社会经济统计资料、历史灾害资料等。其中，地理信息资料包括基础地理信息（地名、行政边界、数字线划图、数字正射影像、数字高程模型）、土地利用信息（现状图、规划图）、建筑物及重要部门信息（建筑物、医院、消防公安、学校、避难场所、养老院）、交通信息（高速公路、铁路、轻轨、公交、码头、渡口、机场）、城市生命线信息（供水、污水、输油、天然气、电力、通信等管网）、高危设施（水坝、堤坝、核设施、危险品堆放地、军事设施）等；气象水文地质资料包括气象、水文、地质监测台站位置及多年统计数据；社会经济统计资料包括人口数量和结构、经济总量和结构、企业和房地产信息等；历史灾害资料包括城市可能发生的各种灾害的历史记录。具体需求如表 9.1～表 9.4 所示。

表 9.1　地理信息资料信息需求

数据类型	数据名称及描述	数据要求说明
基础地理信息	数字高程模型（DEM）	1∶10000 比例尺以上
	道路（高速、主次干道、社区通道）	1∶10000 比例尺以上，宽度、车道数
	河流湖泊水库	1∶10000 比例尺以上
	地名信息	1∶10000 比例尺以上
	行政边界（区、乡镇/街道办事处、社区）	1∶10000 比例尺以上
遥感影像	高分辨率遥感正射影像	空间分辨率在 1m 以上
土地利用信息	土地利用现状图（GIS 矢量）	1∶10000 比例尺以上
	土地利用规划图（GIS 矢量）	1∶10000 比例尺以上
	避难场所分布	1∶10000 比例尺以上
建筑物及重要部门信息	建筑物 GIS 信息（矢量及其连接的数据表格）	建筑物名称、用途（居住/商用/公共）、建筑面积、高度、楼层数、建筑结构、容积率、设计使用年限、在役年限、消防通道位置等
	医院信息	医院位置、病床数等
	消防、公安部门信息	消防、公安机构位置、救助能力等
	主要学校信息	大中小学、幼儿园位置、教学楼分布、学生人数等
	养老院信息	养老院位置、床位数等
城市管网信息	输电线路	输电线路矢量图，电压、电流强度，使用年限等
	天然气管网	天然气管网矢量图，流量，耐受压力，使用年限等
	自来水管网	自来水管网矢量图，流量，耐受压力，使用年限等
	排水管网	排水管网矢量图，排水/泄洪能力等
高危设施	危化品设施	危险化学品生产、加工、存储场地分布及危化品的类型和储量等

表9.2 社会经济统计资料信息需求

数据类型	数据名称及描述	数据要求说明
人口信息	人口数量信息	分社区家庭户数、户均人口、流动人口数、各行业就业人口数量等
	人口结构信息	城市低保人口、分年龄人口数及空间分布等
经济信息	分行业、分规模企业数	企业数量、位置等
	房地产价格信息	商品房价格、租金等

表9.3 气象水文地质资料信息需求

数据类型	数据名称及描述	数据要求说明
气象资料	气象监测台站	气象监测台站分布等
	多年气象统计资料	历年历次降雨的降雨量、持续时间和降雨强度等
水文资料	水文监测台站	水文监测台站分布等
地质资料	地质监测台站	地质监测台站分布等

表9.4 历史灾害资料信息需求（部分举例）

数据类型	数据名称及描述	数据要求说明
地震	地震灾害资料	历年地震灾害资料、震级、烈度、波及范围、人口伤亡、经济损失等
台风	台风灾害资料	台风名称和编号、开始时间、生命时数、中心气压和风速、登陆地点、路径趋向、影响时段和其他信息。还应包括台风纪要、台风登陆信息、台风中心位置、过程最大风、过程雨量、灾情以及社会经济指标等
暴雨	暴雨洪涝灾害资料	历年暴雨洪涝灾害资料等
雷暴	雷暴灾害资料	1990年以来全国逐日雷暴日资料、年际变化特征和趋势、月变化特征、日变化特征、年平均分布特征、月平均分布特征等
海上溢油	海上溢油灾害资料	最近30年我国沿海船舶、码头溢油50吨以上的事故统计，包括时间、地点、溢油量、油种、罚赔金额等
地面塌陷	地面塌陷灾害资料	典型地面塌陷坑（群）规模特征：灾害类型、规模、面积、体积、形成原因、稳定性、危害程度等
滑坡	滑坡灾害资料	滑坡灾害点及隐患点数据，包括灾害点编号、滑坡类型、形态与规模、稳定性等
高温	高温灾害资料	1990年以来全国各地高温日数分布、全国各地平均高温日数分布、日最高气温≥35℃的日数分布等
火爆毒	火灾、爆炸、泄漏灾害资料	灾害原因、灾害级别、影响范围、损失金额等

9.1.2 数据需求特点分析

1. 数据尺度分析

城市自然灾害风险评估的尺度与研究区域比例尺、空间分辨率、行政单元和数据精度相对应。一般而言，研究的尺度有市级、区级（城区）和社区级三个尺度的灾害风险评估工作。市级尺度下，研究比例尺为 1∶500000∼1∶100000，对应分析单元的空间分辨率为 30∼250 m；区级尺度下，研究比例尺为 1∶100000∼1∶10000，对应分析单元的空间分辨率为 10∼30 m；社区尺度下，研究比例尺为 1∶10000∼1∶1000，对应分析单元的空间分辨率为 10 m 以下。城市级多灾种综合风险评估研究尺度较小，所需的数据精度也相对较高。

2. 数据内容分析

城市综合风险评估涉及多个灾种，所需数据具有共性也有差异性。用于城市风险评估相关的数据按照数据内容、数据类型，可分为不同的类别。

从数据内容上来说，主要分为：①所有灾害共用的数据。包括建筑物和设施（一般建筑群体、重要设施）、交通系统（高速公路、铁路、轻轨、公交、码头、渡口、机场）、生命线设施系统（供水、污水、输油、天然气、电力、通信）、危化品设施、人口统计数据（人口年龄、性别、收入结构等）、高危设施（水坝、堤坝、核设施、危险品堆放地、军事设施）等。②特定灾种专用的数据。针对特定灾种，专门需要的一些信息，如台风模型信息等。

从数据类型上来说，主要分为：①独立设施数据。对于一些重要的设施，如学校、消防等，需要单独存储。在计算的时候，会将设施数据和面积数据进行计算，如算出一个区域内每平方公里内病床数。②统计数据。即按照统计单元（如格网、社区、区县等）进行统计后的数据。如建筑物，由于建筑物数量非常庞大（一个城市可能有几十甚至上百万栋房屋），不需要一栋一栋地存储。全部收集此类数据有些困难，而且在使用时，计算资源的局限使得不可能对如此大量的数据进行实时计算，在管理部门进行分析时需要使用预先统计好的一些数据。

3. 所需数据特点

城市综合风险评估数据具有以下特点。

（1）空间性。一方面，灾害和突发事件是空间分布对象，具有典型的空间分布特征。另一方面，承灾载体也与空间密切相关，如建筑物分布、学校、医院等救援重点区域的分布、避难场所的空间位置等。甚至在应急响应中的逃生路线、救援路线等也是空间信息。

（2）多源异构。数据的及时获取是城市风险评估的基础，然而，这些所需信息往往分散在不同的部门，在正常的情况下，这些部门信息都是独立运行的，缺乏有效的协同与互操作，由于不同部门的地理信息系统的应用目的不同，同一地区、同一比例尺的空间数据往往采用不同的数据源（外业实地测量、航空摄影图像、卫星图像、地形图、海图、航空图和各种各样地图）、不同的空间数据标准、特定的数据模型和特定的空间物体分类、分级体系进行采集，导致产生多源、异构的数据。

（3）海量性。综合风险评估数据需要大量的数据来提高分析的准确性，包括影像、DEM、各类矢量数据等。对于城市而言，分析的尺度小就意味着使用数据的尺度更小，数据量随之增加。从容量来说，一个城市的数据量能达到 TB 级别，其中影像、DEM 等占了绝大多数容量；从数量来说，一个城市的数据量能达到百万级别，如建筑物，一个城市可能有几十万条记录。

（4）分析性。综合风险评估数据的使用者主要是决策人员、分析人员，他们要进行的操作是专业型操作，是利用风险评估模型，对风险进行有效的评估，辅助政府抗灾减损或保险公司做出正确的保险理赔决策等。因此，对于综合风险评估数据而言，更为注重的是分析的过程与结果。

（5）持续性。城市综合风险评估的数据不是一成不变的，随着时间的推移，可能收集到更多的灾害信息，承载载体的状态更是可能发生较大的改变，因此城市综合风险数据集成管理中需要注意数据的动态更新。

根据城市风险评估的以上特点，在其数据的集成管理与分析中，应综合应用3S 技术，以 RS 和 GPS 为两种重要的空间信息采集工具，以 GIS 为主要工具，对海量的空间数据进行查询、分析、综合、集成、更新。

9.1.3 可能的数据收集来源

由于城市综合风险评估数据需求范围十分广泛，在各个城市这些数据都是来自不同的部门，在评估分析时需要从相应部门收集数据。一般来说，对于国内城市而言，传统、权威的数据收集来源可参考表 9.5～表 9.8。

此外，随着大数据技术的发展，许多数据可以通过大数据手段进行收集，如传感器数据、社交网络数据、互联网数据等。常用的大数据的采集方法有：①系统日志采集方法，如国际上大型互联网公司都有自己的系统日志采集工具如 Hadoop 的 Chukwa，Cloudera 的 Flume，Facebook 的 Scribe 等；②网络数据采集方法，通过网络爬虫或网站公开 API（application program interface，应用程序接口）等方式从网站上获取信息，从网页中抽取非结构化数据，并以结构化的方式存储；③其他数据采集方法，即对于特定数据，可以通过与企业或研究机构合作，使用特定系统接口等相关方式采集数据。通过大数据技术手段获取的数据往往数据量较大、实时性较强、属性丰富，可与权威部门提供数据互为补充。

表 9.5　地理信息资料数据来源

数据类型	数据名称及描述	数据可能来源及说明
基础地理信息	数字高程模型（DEM）	城市测绘部门
	道路（高速、主次干道、社区通道）	城市交通管理部门、城市测绘部门
	河流湖泊水库	城市水利管理部门（全国水利普查资料）、城市测绘部门
	地名信息	城市民政管理部门（国家地名数据库资料）、城市测绘部门
	行政边界（区、乡镇/街道办事处、社区）	城市民政管理部门（国家地名数据库资料）、城市测绘部门
遥感影像	高分辨率遥感正射影像	商业公司（卫星影像）、城市测绘部门（航空遥感影像）
土地利用信息	土地利用现状图	城市国土管理部门（全国土地调查资料）
	土地利用规划图	城市国土管理部门
	避难场所分布	城市应急管理部门
建筑物及重要部门信息	建筑物 GIS 信息	城市住房建设管理部门（如房屋普查资料）、城市测绘部门
	医院信息	城市卫生管理部门、城市测绘部门
	消防、公安部门信息	城市公安管理部门、城市测绘部门
	主要学校信息	城市教育管理部门、城市规划部门、城市测绘部门
	养老院信息	城市民政管理部门、城市规划部门、城市测绘部门
城市管网信息	输电线路	权属单位、城市规划部门
	天然气管网	权属单位、城市规划部门
	自来水管网	权属单位、城市规划部门
	排水管网	权属单位、城市规划部门
高危设施	危化品设施	城市应急管理部门

表 9.6　社会经济统计资料数据来源

数据类型	数据名称及描述	数据可能来源及说明
人口信息	人口数量信息 人口结构信息	人口普查数据、统计年鉴
经济信息	企业信息	国家发展改革委、统计年鉴
	房地产价格信息	城市住房建设管理部门、统计年鉴

表 9.7　气象水文地质资料数据来源

数据类型	数据名称及描述	数据可能来源及说明
气象资料	气象监测台站 多年气象统计资料	城市气象管理部门
水文资料	水文监测台站	城市水利管理部门
地质资料	地质监测台站	城市地质管理部门

表 9.8　历史灾害资料数据来源

数据类型	数据名称及描述	数据可能来源及说明
地震	地震灾害资料	
台风	台风灾害资料	
暴雨	暴雨洪涝灾害资料	
雷暴	雷暴灾害资料	统计年鉴、各部门内部资料（如气象部门资料、地质部门资料）等
海上溢油	海上溢油灾害资料	
地面塌陷	地面塌陷灾害资料	
滑坡	滑坡灾害资料	
高温	高温灾害资料	
火爆毒	火灾、爆炸、泄漏灾害资料	

数据收集时可能存在以下情况：①单一来源的数据也许不够用，如建筑数据，地形图上的空间位置比较全面，但是属性不全，有可能数据中属性不实；②数据可能过期、范围可能不够；③数据有可能是纸质的，而非电子的；④多个数据库的整合是个问题。如重复记录、冗余信息等都需要被剔除。

对于各个不同的地区，数据收集的难度是不同的，如在某些地区，可能有完备的建筑、学校、消防等信息，但没有地下管线数据。具体收集数据时，需调查用于综合风险评估所需数据的种类并编目，分析该种类数据可能的存放单位并落实；到相关单位收集综合风险评估所需数据，对所收集数据进行可用性评价并提出缺失数据的替代措施。此外，可以用现场调查、航空或卫星遥感影像解译等方法对收集的数据进行补充。毕竟，越准确的数据，后期分析越精确。

9.1.4　数据处理流程

基于空间数据仓库思想的脆弱性分析和多灾种综合风险评估数据处理总体框架如图 9.2 所示。

其中，各种标准规范的建设是城市综合风险评估数据库建设的基础，其在实施过程中的真正贯彻执行，是保证数据有效、评估结果可靠的重要基石。

城市综合风险数据存储在数据库中。根据数据处理、分析的不同阶段，将数据库分为三个子库：汇集库、综合库和研究库。汇集库存储的是数据输入处理阶段的数据，一旦数据处理完毕并更新到综合库中，汇集库的数据就可以删除；综合库存储的是整个城市的风险数据；研究库存储的是某一个研究区域的风险数据，在研究时可从综合库中提取使用。

城市综合风险分析数据处理软件系统负责提供各种数据处理和管理的手段，包括从源数据到汇集数据的各种处理、从汇集库到综合库的数据处理以及从综合库到研究库的数据处理等。

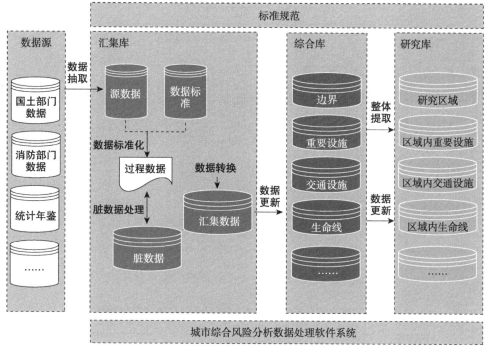

图 9.2　数据库总体框架

9.2　系统设计与构建

依据城市公共安全保障的需求，根据所建立的城市脆弱性分析和多灾种综合风险评估方法，研发系统。

系统依托于安全评价信息数据库、基础信息数据库、地理信息数据库、预案库、知识库、案例库、文档库等数据库，以 GIS 为支撑，由综合风险地图、动态风险模型、事件风险管理、查询统计分析等子系统构成。总体框架如图 9.3 所示。

1. 总体软件构成

软件系统采用 NET 技术架构及 Web Service 等组件化技术，系统架构如图 9.4 所示。

对于软件系统来说，常常需要处理跨模块、跨软件甚至跨平台的会话，为了实现"高内聚、低耦合"的设计目标，把问题细分后再各自解决，因此系统基于先进的多层体系架构模型和面向服务架构（service-oriented architecture，SOA）模型，建立基础构件和业务通用构件为应用的快速构建提供支持。开放的体系架构及规范的构件管理架构与应用集成模式支持不断扩充的系统需求，并提供个性化的用户定制模式进行应用系统的开发、维护及使用。

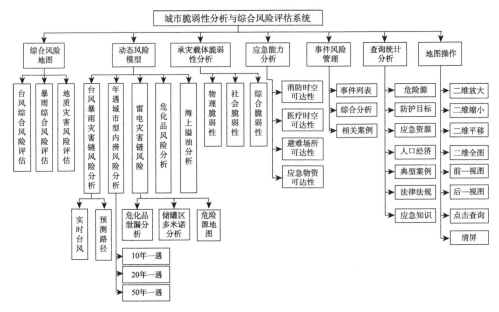

图 9.3 城市脆弱性分析与多灾种综合风险评估系统架构

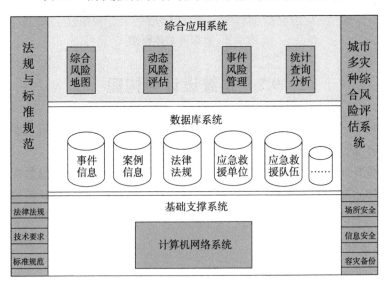

图 9.4 总体软件构成

系统功能需要构筑成有多个层次组成的分布式系统，包括前端的客户端、后端的数据资源端和中间层，实现新的服务功能和数据与已有业务管理系统的结合。程序的重复使用是一项关键优势，因为它可以降低开发成本。服务的重复使用，其长期作用在于减少企业中冗余的功能，简化基础架构，从而降低维护代码的成本。通过按服务的使用者来组织应用程序，与传统的编程技术相比，可获得一个更灵活敏捷的集成模型，从而可以迅速修改业务流程模型。

系统分层包含两种含义：一种是物理分层，即每一层都运行在单独的机器上，这意味着创建分布式的软件系统；一种是逻辑分层，指的是在单个软件模块中完成特定的功能。软件系统根据不同的要求，需要这两种分层。

2. 应用服务层架构

SOA 是一种复杂松散型应用环境下的集成框架设计方法，被认为是松耦合、柔性化的先进 IT 架构，代表了新的技术方向。SOA 理论强调系统功能的服务化封装和复用，强调服务的可组装性。在软件系统内各系统组件间以及整个系统对外的服务架构设计上运用 SOA 理论，实现整个系统内部组件间的标准连通，并能对外提供全方位的一致的服务。遵循 SOA 标准的各组成部分接口明确且稳定，功能独立，可以很容易地被支持相同规约的其他服务部件所取代，因而也十分便于整个系统的集成和维护。

组件化是针对大型复杂软件系统的一种分解理论和实践方法。组件化理论强调在系统设计和实现的过程中从更高的层次对数据和业务逻辑进行抽象与封装，实现软件的大粒度复用，进而能以一种积木式的可管理的"组装"方式构建系统。本设计拟在软件系统中将面向构件技术和模型驱动思想相结合，以在满足个性需求的同时最大限度地增强系统的业务敏捷性，首先将业务按一定的方式进行面向对象服务的组件化包装；其次运用集成技术在复杂环境中把各种小粒度的服务单元灵活地组织为有机的整体。

软件系统采用基于 NET 的多层体系架构，并采用组件化设计最大限度地减少业务模块之间的耦合程度，促进了软件的重用，使得系统能够敏捷地适应业务规则的变化；采用 SOA 保证了松散耦合与跨平台的突出优势，能满足应用集成及安全性、灵活性方面的要求。

3. 数据架构

软件系统涉及的数据可分为业务数据、空间数据两类。

（1）业务数据。业务数据包括信息系统模型数据、模型运行产生的数据等功能相关的业务数据。

（2）空间数据。空间数据包括基础地理信息数据，防护目标、危险源、应急资源相关等空间数据。

9.3　系统功能及结果展示

9.3.1　综合风险地图

综合风险地图根据基于指标体系的城市公共安全综合风险评估结果，从公共安全三角形理论出发，从突发事件（致灾因子）危险性分析、承灾载体脆弱性分析以及应急能力评价三个方面考虑灾害的综合风险，具体的方法可参见第 3 章。本节仅以暴雨灾害的综合风险评估为例，对系统的设计与构建进行介绍。

综合风险地图系统包括致灾因子危险性、承灾载体脆弱性、应急能力评价三个部分。

1. 致灾因子危险性

致灾因子危险性模块包括风险地图和地图渲染两个功能，如图 9.5 所示，该模块能够展示所有致灾因子的统计图，以及致灾因子危险性分析图。具体功能和实现过程如下。

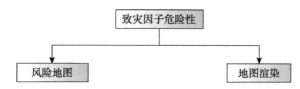

图 9.5　暴雨致灾因子危险性功能结构图

1）风险地图（表 9.9）

表 9.9　致灾因子危险性模块风险地图功能

功能编号		功能名称	风险地图
功能描述	展示所有致灾因子的统计图、致灾因子危险性分析图		
操作数据流描述	步骤 1：单击"致灾因子危险性"按钮，展示致灾因子危险性分析图； 步骤 2：单击"大暴雨频率"按钮，展示所有分区大暴雨频率统计地图； 步骤 3：单击"1 小时最大降雨量"按钮，展示所有分区 1 小时最大降雨量统计地图； 步骤 4：单击"历史暴雨灾害频率"按钮，展示所有分区历史暴雨灾害频率统计地图； 步骤 5：单击"四月至十月平均降雨量"按钮，展示所有分区四月至十月平均降雨量统计地图；		
例外及相应处理	情况 1：后台捕获异常 情况 2：其他异常，转到错误提示界面，提示出错原因		

2）地图渲染（表 9.10）

表 9.10　致灾因子危险性模块地图渲染功能

功能编号		功能名称	地图渲染
功能描述	对各相关展示图进行渲染操作		
操作数据流描述	步骤 1：单击图例区，双击图例颜色或图例说明，弹出图例设置更改界面，进行分段调整及颜色调整设置； 步骤 2：更改透明度值，单击"重绘"按钮，对分析结果进行渲染；		
例外及相应处理	情况 1：后台捕获异常 情况 2：其他异常，转到错误提示界面，提示出错原因		

2. 承灾载体脆弱性

与致灾因子危险性模块相同，承灾载体脆弱性模块包括风险地图和地图渲染两个功能，该模块能够展示所有承灾载体的统计图，以及承灾载体脆弱性分析图。具体功能和实现过程如下。

1）风险地图（表 9.11）

表 9.11　承灾载体脆弱性模块风险地图功能

功能编号		功能名称	风险地图
功能描述	展示所有承灾载体的统计图、承灾载体脆弱性分析图		
操作数据流描述	步骤 1：单击"承灾载体脆弱性"按钮，展示承灾载体脆弱性分析图； 步骤 2：单击"地形高度"按钮，展示所有分区地形高度统计地图； 步骤 3：单击"地形坡度"按钮，展示所有分区地形坡度统计地图； 步骤 4：单击"农林牧渔业比例"按钮，展示所有分区农林牧渔业比例统计地图； 步骤 5：单击"人口密度"按钮，展示所有分区人口密度统计地图； 步骤 6：单击"弱势群体比例"按钮，展示所有分区弱势群体比例统计地图； 步骤 7：单击"受教育程度"按钮，展示所有分区受教育程度统计地图； 步骤 8：单击"植被覆盖率"按钮，展示所有分区植被覆盖率统计地图； 步骤 9：单击"土壤类型"按钮，展示所有分区土壤类型统计地图；		
例外及相应处理	情况 1：后台捕获异常 情况 2：其他异常，转到错误提示界面，提示出错原因		

2）地图渲染（表 9.12）

表 9.12　承灾载体脆弱性模块地图渲染功能

功能编号		功能名称	地图渲染
功能描述	对各相关展示图进行渲染操作		
操作数据流描述	步骤 1：单击图例区，双击图例颜色或图例说明，弹出图例设置更改界面，进行分段调整及颜色调整设置； 步骤 2：更改透明度值，单击"重绘"按钮，对分析结果进行渲染；		
例外及相应处理	情况 1：后台捕获异常 情况 2：其他异常，转到错误提示界面，提示出错原因		

3. 应急能力评价

应急能力评价模块同样包括风险地图和地图渲染两个功能。该模块能够展示所有应急能力的统计图，以及应急能力评价分析图。具体功能和实现过程如下。

1）风险地图（表 9.13）

表 9.13　应急能力评价模块风险地图功能

功能编号		功能名称	风险地图
功能描述	展示所有应急能力的统计图、应急能力评价分析图		
操作数据流描述	步骤 1：单击"应急能力评价"按钮，展示应急能力评价分析图； 步骤 2：单击"人均 GDP"按钮，展示所有分区人均 GDP 统计地图； 步骤 3：单击"应急避难所数量"按钮，展示所有分区应急避难所数量统计地图； 步骤 4：单击"公路线密度"按钮，展示所有分区公路线密度统计地图； 步骤 5：单击"医疗水平"按钮，展示所有分区医疗水平统计地图；		
例外及相应处理	情况 1：后台捕获异常 情况 2：其他异常，转到错误提示界面，提示出错原因		

2）地图渲染（表 9.14）

表 9.14　应急能力评价模块地图渲染功能

功能编号		功能名称	地图渲染
功能描述	对各相关展示图进行渲染操作		
操作数据流描述	步骤 1：单击图例区，双击图例颜色或图例说明，弹出图例设置更改界面，进行分段调整及颜色调整设置； 步骤 2：更改透明度值，单击"重绘"按钮，对分析结果进行渲染；		
例外及相应处理	情况 1：后台捕获异常 情况 2：其他异常，转到错误提示界面，提示出错原因		

9.3.2　动态风险展示

本节以暴雨事件链多灾种风险评估方法为例，对动态风险展示模块进行说明。其他灾害情景的系统设计与构建方法与此类似，不再重复介绍。

暴雨事件链多灾种风险评估子系统主要包含道路积水分布预测和交通堵塞分布预测两个功能。

1. 道路积水分布预测功能

城市道路积水分布预测功能的实现包括道路积水分析、分析结果渲染和分析结果模拟三个部分，如图 9.6 所示。该模块能够依据降雨信息、城市泄水能力、相关模型参数等信息预测城市道路积水情况，其中道路积水分析子模块能够根据指定参数，预测指定时间内的城市道路积水情况；分析结果渲染子模块能够对分析结果进行渲染操作；分析结果模拟子模块则对分析结果按时间进行积水过程的模拟展示。

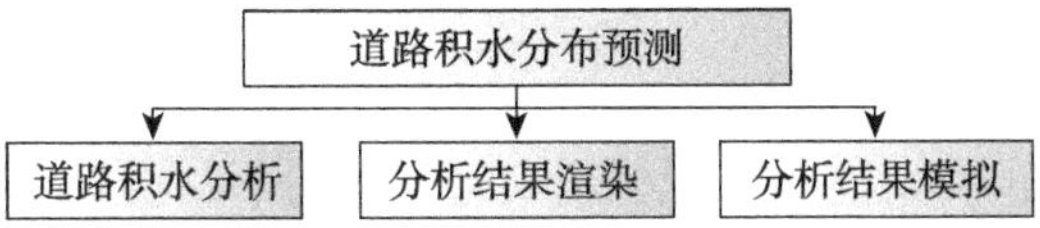

图 9.6　城市道路积水分布预测功能结构图

1）道路积水分析（表 9.15）

表 9.15　道路积水分析功能

功能编号		功能名称	道路积水分析
功能描述	根据指定参数，预测指定时间内的城市道路积水情况		
操作数据流描述	步骤 1：设置城市泄水参数条件，初始下渗速率、最小下渗速率、下渗衰减系数、最大水深、最小坡度、不透水区比例、透水区洼蓄、不透水区洼蓄、持续时间、分布类型、标高差、泄流因子、孔口直径等； 步骤 2：设置模型参数，不透水区 Manning 系数，透水区 Manning 系数、仿真持续时间、分析间隔时间、地表径流步长、水流计算步长、总降水量、发车间隔等； 步骤 3：设置地图参数，提取选择的分析区域信息、设置河流上游点，相关参与计算的图层信息调整、图层路径等信息； 步骤 4：单击"道路积水分析"按钮，将分析结果在地图上进行展示；		
例外及相应处理	情况 1：后台捕获异常 情况 2：其他异常，转到错误提示界面，提示出错原因		

2）分析结果渲染（表 9.16）

表 9.16　道路积水分析结果渲染功能

功能编号		功能名称	分析结果渲染
功能描述	对分析结果进行渲染操作		
操作数据流描述	步骤 1：单击图例区，双击图例颜色或图例说明，弹出图例设置更改界面，进行颜色色带调整设置； 步骤 2：更改透明度值，单击"重绘"按钮，对分析结果进行渲染； 步骤 3：单击"移除"按钮，移除地图上对分析结果进行的渲染内容；		
例外及相应处理	情况 1：后台捕获异常 情况 2：其他异常，转到错误提示界面，提示出错原因		

3）分析结果模拟（表 9.17）

表 9.17　道路积水分析结果模拟功能

功能编号		功能名称	分析结果模拟
功能描述	对分析结果按时间进行积水过程的模拟展示		
操作数据流描述	步骤 1：在播放控制区，调整播放帧的间隔，以秒为单位； 步骤 2：单击"播放"按钮，开始按起止顺序播放当前分析结果的渲染图； 步骤 3：单击"暂停"按钮，停止播放，再次单击"播放"按钮则继续播放； 步骤 4：单击"停止"按钮，停止播放，再次单击"播放"按钮则重新播放；		
例外及相应处理	情况 1：后台捕获异常 情况 2：其他异常，转到错误提示界面，提示出错原因		

2. 交通堵塞分布预测

交通堵塞分布预测功能的实现包括交通堵塞分析、分析结果渲染和分析结果模拟三个部分。该模块能够依据城市道路积水情况和发车间隔等信息预测城市交通堵塞情况，其中交通堵塞分析子模块能够根据指定参数，预测指定时间内的城市交通情况；分析结果渲染子模块能够对分析结果进行渲染操作；分析结果模拟子模块则对分析结果按时间进行积水过程的模拟展示。

1）交通堵塞分析（表 9.18）

表 9.18　交通堵塞分析功能

功能编号		功能名称	交通堵塞分析
功能描述	根据指定参数，预测指定时间内的城市交通堵塞分布情况		
操作数据流描述	步骤 1：读取道路积水分布； 步骤 2：设置模型参数，仿真持续时间、发车间隔等； 步骤 3：设置地图参数，提取选择的分析区域信息，相关参与计算的图层信息调整、图层路径等信息； 步骤 4：单击"交通堵塞分析"按钮，将分析结果在地图上进行展示；		
例外及相应处理	情况 1：后台捕获异常 情况 2：其他异常，转到错误提示界面，提示出错原因		

2）分析结果渲染（表 9.19）

表 9.19　交通堵塞分析结果渲染功能

功能编号		功能名称	分析结果渲染
功能描述	对分析结果进行渲染操作		
操作数据流描述	步骤 1：单击图例区，双击图例颜色或图例说明，弹出图例设置更改界面，进行颜色色带调整设置； 步骤 2：更改透明度值，单击"重绘"按钮，对分析结果进行渲染； 步骤 3：单击"移除"按钮，移除地图上对分析结果进行的渲染内容；		
例外及相应处理	情况 1：后台捕获异常 情况 2：其他异常，转到错误提示界面，提示出错原因		

3）分析结果模拟（表 9.20）

表 9.20　交通堵塞分析结果模拟功能

功能编号		功能名称	分析结果模拟
功能描述	对分析结果按时间进行交通堵塞情况的模拟展示		
操作数据流描述	步骤 1：在播放控制区，调整播放帧的间隔，以秒为单位； 步骤 2：单击"播放"按钮，开始按起止顺序播放当前分析结果的渲染图； 步骤 3：单击"暂停"按钮，停止播放，再次单击"播放"按钮则继续播放； 步骤 4：单击"停止"按钮，停止播放，再次单击"播放"按钮则重新播放；		
例外及相应处理	情况 1：后台捕获异常 情况 2：其他异常，转到错误提示界面，提示出错原因		

以某市为例，通过道路积水分布预测、交通堵塞分布预测，该市某区域内的交通堵塞情况的动态风险评估结果如图 9.7 所示。

图 9.7　城市道路积水交通堵塞结果页面

在该界面下，用户可直观地查看道路积水深度和交通拥堵情况。

9.3.3　事件风险管理

事件风险管理模块包含事件列表、综合风险管理、相关案例三个功能模块。

（1）事件列表功能能够显示及搜索当前发生的事件，包括事件展示、事件定位、事件查询和事件添加四个子功能。其中，事件展示能够展示当前时间最新发生上报的重大事件；事件定位能够自动定位到事件位置；事件查询能够通过名称、地区类型等多条件复合查询事件，然后列出事件的详细信息；事件添加则可录入添加新的事件。

（2）综合风险管理模块能够显示及搜索当前发生的综合风险事件，包括事件搜索和事件展示两个子功能。其中，事件搜索能够通过设置查询半径、地图单击查询中心点、GIS 方式范围搜索发生的事件，列表显示查询结果，同时也可查询范围内应急储备物资、应急救援队伍、应急通信企业、应急医疗资源、避难场所、运输企业、危险源、防护目标等的信息，并列表展示；事件展示则将搜索的结果进行展示，列出事件的详细信息。

（3）相关案例模块能够显示及搜索案例信息，包括案例搜索和案例展示两个子功能。案例搜索不仅能够通过用户输入的关键词（案例的时间、地点、主要危害等）进行案例搜索，同时能够分析与当前事件具有一定相似性或具有一定联系的其他相关案例；案例展示则是列表展示相关案例的详细信息。

参 考 文 献

陈刚, 朱霁平, 武军, 等. 2011. 化工储罐间距和体积对爆炸碎片多米诺效应概率的影响. 火灾科学, (1): 37-42.

陈军. 2008. 雷击风险整体评估方法及其在油库中的应用//中国国际防雷论坛. 北京.

陈联寿, 丁一汇. 1973. 国外台风研究的现况和进展. 气象科技资料, (2): 16-25.

陈晓刚, 孙可, 曹一家. 2007. 基于复杂网络理论的大电网结构脆弱性分析. 电工技术学报, 22(10): 138-144.

陈兴民. 1998. 自然灾害链式特征探论. 西南师范大学学报(人文社会科学版), (2): 122-125.

崔鹏, 邹强. 2016. 山洪泥石流风险评估与风险管理理论与方法. 地理科学进展, 35(2): 137-147.

丁琳, 张嗣瀛. 2012. 复杂网络上相继故障研究综述. 计算机科学, 39(8): 8-13.

丁一汇, 陈联寿. 1979. 西太平洋台风概论. 北京: 科学出版社.

杜鹃, 汪明, 史培军. 2014. 基于历史事件的暴雨洪涝灾害损失概率风险评估——以湖南省为例. 应用基础与工程科学学报, 22(5): 916-927.

范维澄, 刘奕, 翁文国. 2009. 公共安全科技的"三角形"框架与"4+1"方法学. 科技导报, 27(6): 3.

高云学, 李利, 李育平. 1991. 地震引起的毒气扩散与防灾避难对策. 世界地震工程, (3): 24-30.

葛全胜. 2008. 中国自然灾害风险综合评估初步研究. 北京: 科学出版社.

郭增建, 秦保燕. 1987. 灾害物理学简论. 灾害学, (2): 25-33.

黄崇福. 2005. 自然灾害风险评价: 理论与实践. 北京: 科学出版社.

季学伟, 翁文国, 赵前胜. 2009. 突发事件链的定量风险分析方法. 清华大学学报(自然科学版), 49(11): 1749-1752, 1756.

蒋新宇, 范久波, 张继权, 等. 2009. 基于 GIS 的松花江干流暴雨洪涝灾害风险评估. 灾害学, 24(3): 51-56.

李吉顺, 王昂生. 2000. 重大洪涝灾害综合预测研究. 中国减灾, 04: 43-47.

李军玲, 刘忠阳, 邹春辉. 2010. 基于 GIS 的河南省洪涝灾害风险评估与区划研究. 气象, 36(2): 87-92.

李世奎, 霍治国, 王素艳, 等. 2004. 农业气象灾害风险评估体系及模型研究. 自然灾害学报, (1): 77-87.

李天文, 吴琳, 曹颖. 2005. 基于渭河下游 DEM 的洪水淹没分析与模拟. 水土保持通报, (4): 53-56, 90.

李谢辉, 王磊, 谭灵芝, 等. 2009. 渭河下游河流沿线区域洪水灾害风险评价. 地理科学, 29(5): 733-739.

李永善. 1986. 灾害系统与灾害学探讨. 灾害学, (1): 7-11.

廖旭, 黄河, 李东春. 2003. 震时有毒有害气体泄漏危险性分析模型的研究. 地震工程与工程振动, (2): 167-171.

廖志鹏, 丁浩, 夏杨于雨, 等. 2018. 基于大数据的城市隧道风险评估信息系统研究. 现代隧道技术, 55(S2): 850-854.

林冠慧, 张长义. 2006. 巨大灾害后的脆弱性: 台湾集集地震后中部地区土地利用与覆盖变迁. 地球科学进展, (2): 201-210.

刘传正, 李云贵, 温铭生, 等. 2004. 四川雅安地质灾害时空预警试验区初步研究. 水文地质工程地质, (4): 20-30.

刘江龙, 刘会平, 刘文剑. 2007. 广州市主城区地面塌陷灾害危险性评价研究. 防灾减灾工程学报, (4): 488-492.

刘丽川, 蒲家宁. 2008. 立式钢制储油罐抗浮分析. 石油工程建设, (2): 79-80, 88.

刘连中, 罗培. 2005. 基于 GIS 的重庆市地质灾害风险评估系统. 重庆师范大学学报(自然科学版), (3): 105-108, 112.

刘涛, 陈忠, 陈晓荣. 2005. 复杂网络理论及其应用研究概述. 系统工程, 23(6): 1-7.

罗培. 2005. 区域气象灾害风险评估——以重庆地区为例. 重庆: 西南师范大学硕士学位论文.

马定国, 刘影, 陈洁, 等. 2007. 鄱阳湖区洪灾风险与农户脆弱性分析. 地理学报, (3): 321-332.

马寅生, 张业成, 张春山, 等. 2004. 地质灾害风险评价的理论与方法. 地质力学学报, (1): 7-18.

麦肯锡. 2008. 为十亿城市大军做好准备. 上海: 麦肯锡全球研究院.

莫建飞, 陆甲, 李艳兰, 等. 2012. 基于 GIS 的广西农业暴雨洪涝灾害风险评估. 灾害学, 27(1): 38-43.

倪顺江. 2009. 基于复杂网络理论的传染病动力学建模与研究. 北京: 清华大学博士学位论文.

聂高众. 2002. 中国未来 10~15 年地震灾害的风险评估. 自然灾害学报, 11(1): 68-73.

聂高众, 汤懋苍, 苏桂武, 等. 1999. 多灾种相关性研究进展与灾害综合机理的认识. 第四纪研究, (5): 466-475.

牛海燕, 刘敏, 陆敏, 等. 2011. 中国沿海地区台风致灾因子危险性评估. 华东师范大学学报(自然科学版), (6): 20-25, 35.

潘红磊, 张强斌, 曾勇. 2010. 事故状态下污染物排放对水环境影响的预测研究. 油气田环境保护, (4): 6-10, 57.

潘晓红, 贾铁飞, 温家洪, 等. 2009. 多灾害损失评估模型与应用述评. 防灾科技学院学报, 11(2): 77-82.

齐洪亮. 2011. 公路自然灾害评价系统的研究. 西安: 长安大学博士学位论文.

钱新明, 徐亚博, 刘振翼. 2009. 球罐 BLEVE 碎片抛射的 Monte-Carlo 分析. 化工学报, (4): 1057-1061.

任少云. 2005. 消防车辆出动的最短路线优化算法. 消防科学与技术, (5): 629-630.

史培军. 1991. 灾害研究的理论与实践. 南京大学学报, 37(11): 37-42.

史培军. 1996. 再论灾害研究的理论与实践. 自然灾害学报, (4): 8-19.

史培军. 2002. 三论灾害研究的理论与实践. 自然灾害学报, 11(3): 1-9.

史培军. 2009. 五论灾害系统研究的理论与实践. 自然灾害学报, (5): 1-9.

苏伯尼, 黄弘, 李云涛. 2013. 雷电引发油罐火灾爆炸事故的概率计算. 中国安全科学学报, 23(4): 79-83.

苏桂武, 高庆华. 2003. 自然灾害风险的分析要素. 地学前缘, (S1): 272-279.

隋永强, 杜泽, 张晓杰. 2020. 基于社区的灾害风险管理理论: 一个多元协同应急治理框架. 天津行政学院学报, 22(6): 65-74.

孙景海, 庞庆新, 闵新歌. 2003. 44 例芥子气中毒患者染毒情况分析. 解放军医学杂志, (12): 1131-1133.

唐保金. 2009. 燃气管道泄漏及扩散规律的研究. 济南: 山东建筑大学硕士学位论文.

王飞. 2005. 城市地震危害性模糊评价及地震损失预测评估. 杭州: 浙江大学硕士学位论文.

王洪涛, 王恩志, 李士雄. 1996. 唐山市岩溶地面塌陷成因机制与选置分析方法. 中国岩溶, (4): 10-17.

王建伟, 荣莉莉. 2008. 突发事件的连锁反应网络模型研究. 计算机应用研究, (11): 3288-3291.

王延平, 翟良云, 张泗文, 等. 2011. 日本"3·11"大地震对石化行业的启示. 安全、健康和环境, (5): 6-8.

王志伟, 张元标. 2006. 危险化学污染物在空气_水_土壤中的扩散和迁移研究进展. 包装工程, 27(4): 5-9.

韦树莲. 1995. 必须重视大型石油储罐的抗震问题. 国际地震动态, (3): 17-21.

文传甲. 1994. 论大气灾害链. 灾害学, (3): 1-6.

向喜琼. 2005. 区域滑坡地质灾害危险性评价与风险管理. 地球与环境, (S1): 136-138.

肖盛燮. 2006. 灾变链式理论及应用. 北京: 科学出版社.

熊祥瑞, 喻凯, 肖琨. 2017. 基于气象相似条件的台风路径预测. 测绘地理信息, 42(5): 74-76.

徐光宁. 2020. 基于深度学习的台风路径与强度预测方法研究. 哈尔滨: 哈尔滨工业大学硕士学位论文.

杨国梁. 2013. 基于风险的大型原油储罐防火间距研究. 北京: 中国矿业大学 (北京)博士学位论文.

杨郁华. 1983. 国外国土整治经验介绍——美国田纳西河是怎样变害为利的. 地理译报, (3): 1-5.

于大鹏. 2010. 极端冰雪灾害条件下滑坡灾害风险评估研究. 武汉: 中国地质大学硕士学位论文.

袁宏永, 付成伟, 疏学明, 等. 2008. 论事件链、预案链在应急管理中的角色与应用. 中国应急管理, (1): 28-31.

易伟建, 沈慧玲, 程丞. 2015. 基于 CAPRA 平台的地震风险多标准模拟分析. 中南大学学报(自然科学版), 46(2): 603-609.

殷杰, 尹占娥, 许世远, 等. 2009. 基于 GIS 的沿海城市暴雨内涝灾害情景模拟与风险评估——以上海静安区为例//. 中国地理学术年会. 北京.

殷坤龙, 张桂荣, 龚日祥, 等. 2003. 基于 Web-GIS 的浙江省地质灾害实时预警预报系统设计. 水文地质工程地质, (3): 19-23.

张车伟, 蔡翼飞. 2022. 人口与劳动绿皮书: 中国人口与劳动问题报告. 北京: 社会科学文献出版社.

张会. 2007. 基于 GIS 技术的辽河中下游洪涝灾害风险评价与管理对策研究. 长春: 东北师范大学硕士学位论文.

张继权, 冈田宪夫, 多多纳裕一. 2006. 综合自然灾害风险管理——全面整合的模式与中国的战略选择. 自然灾害学报, (1): 29-37.

张永利, 张建平, 任爱珠, 等. 2011. 多智能体的多灾种耦合预测模型. 清华大学学报(自然科学版), (2): 198-203.

张永强, 刘茂, 穆青. 2008. 危险品区多米诺效应的风险分析. 安全与环境学报, (6): 134-139.

张永兴, 陈云, 文海家, 等. 2008. 边坡灾害风险评估系统研究及应用. 重庆建筑大学学报, (1): 30-33.

章锡俏, 盛洪飞, 姚艳雪. 2007. 基于RBF神经网络的不利天气道路通行能力计算. 交通与计算机, (6): 21-23+27.

赵东风, 王晓媛. 2008. 油库火灾爆炸事故多米诺效应定量评价. 中国安全科学学报, (6): 104-109.

赵飞, 陈建刚, 张书函, 等. 2010. 透水铺装地面降雨产流模型研究. 给水排水, 46(5): 154-159.

郑小战. 2010. 广花盆地岩溶地面塌陷灾害形成机理及风险评估研究. 长沙: 中南大学硕士学位论文.

朱海燕. 2005. GIS空间分析方法在热带气旋研究中的应用. 上海: 华东师范大学硕士学位论文.

钟洛加, 肖尚德, 周衍龙. 2007. 基于WEBGIS的湖北省地质灾害气象预警预报. 资源环境与工程, (S1): 104-106.

朱浩, 樊彦国, 武腾腾. 2012. 开源GIS支持下的气象灾害风险区划分析. 气象与环境科学, (3): 33-40.

周寅康. 1995. 自然灾害风险评价初步研究. 自然灾害学报, (1): 6-11.

Adger W N. 1999. Social vulnerability to climate change and extremes in coastal Vietnam. World Dev, 27: 249-269.

Adger W N, Agnew M. 2004. New indicators of vulnerability and adaptive capacity. Norwich: Tyndall Centre for Climate Change Research.

Albert R, Barabási A L. 2002. Statistical mechanics of complex networks. Reviews of modern physics, 74(1): 47.

Albert R, Jeong H, Barabási A L. 2000. Error and attack tolerance of complex networks. Nature, 406(6794): 378-382.

Apel H, Thieken A H, Merz B, et al. 2004. Flood risk assessment and associated uncertainty. Natural Hazards and Earth System Science, 4(2): 295-308.

Apel H, Thieken A H, Merz B, et al. 2006. A probabilistic modelling system for assessing flood risks. Natural Hazards, 38(1/2): 79-100.

Argyropoulos C D, Sideris G M, Christolis M N, et al. 2010. Modelling pollutants dispersion and plume rise from large hydrocarbon tank fires in neutrally stratified atmosphere. Atmospheric Environment, 44(6): 803-813.

Bates P D, De Roo A P J. 2000. A simple raster-based model for flood inundation simulation. Journal of Hydrology, 236(1-2): 54-77.

Bates P D, Horritt M S, Fewtrell T J. 2010. A simple inertial formulation of the shallow water equations for efficient two-dimensional flood inundation modelling. Journal of Hydrology, 387(1-2): 33-45.

Benito G, Thorndycraft V R. 2005.Palaeoflood hydrology and its role in applied hydrological sciences. Journal of Hydrology, 313(1-2): 3-15.

Bohle H G, Warner K. 2008. Megacities: Resilience and social vulnerability. Bonn: Unu-Ehs.

Birkmann J, Wisner B. 2006. Measuring the unmeasurable: the challenge of vulnerability. Bonn: UNU-EHS.

Busini V, Marzo E, Callioni A, et al. 2011.Definition of a short-cut methodology for assessing earthquake-related Na-Tech risk. Journal of Hazardous Materials, 192(1): 329-339.

Brooks N. 2003. Vulnerability, risk and adaptation: A conceptual framework. Tyndall Center Climate Change Research, Working Paper 38: 1-16.

Barrat A, Weigt M. 2000. On the properties of small-world network models. The European Physical Journal B-Condensed Matter and Complex Systems, 13(3): 547-560.

Billot R, El Faouzi N E, De Vuyst F. 2009. Multilevel assessment of the impact of rain on drivers' behavior: standardized methodology and empirical analysis. Transportation Research Record, 2107(1): 134-142.

Blaikie P, Cannon T, Davis I, et al. 2014. At risk: natural hazards, people's vulnerability and disasters. Routledge.

Book TNO Green. 1992. Methods for the determination of possible damage to people and objects resulting from releases of hazardous materials. Voorburg, The Netherlands: The Netherlands Ocrganization of Applied Scledtific Research.

Campedel M, Antonioni G, Cozzani V, et al. 2008. Quantitative Risk Assessment of accidents induced by seismic events in industrial sites//3rd International Conference on Safety and Environment in Process Industry. Rome, Italy.

Cannon T, Twigg J, Rowell J. 2003. Social vulnerability, sustainable livelihoods and disasters. Report to DFID conflict and humanitarian assistance department (CHAD) and sustainable livelihoods support office, DFID, London

Center A D P. 2008. Community-Based Disaster Risk Management. Asian Disaster Preparedness Center, Bangkok.

Cozzani V, Campedel M, Renni E, et al. 2010. Industrial accidents triggered by flood events: analysis of past accidents. Journal of Hazardous Materials, 175(1): 501-509.

Cozzani V, Gubinelli G, Antonioni G, et al. 2005.The assessment of risk caused by domino effect in quantitative area risk analysis. Journal of Hazardous Materials, 127(1): 14-30.

Cozzani V, Salzano E, Campedel M, et al. 2007.The assessment of major accident hazards caused by external events.Proc. 12th Int. Symp. on Loss Prevention and Safety Promotion in the Process Industries. Harrogate, England.

Cozzani V, Salzano E. 2004a. The quantitative assessment of domino effects caused by overpressure: Part I. Probit models. Journal of Hazardous Materials, 107(3): 67-80.

Cozzani V, Gubinelli G, Salzano E. 2006. Escalation thresholds in the assessment of domino accidental events. Journal of Hazardous Materials, 129(1): 1-21.

Cozzani V, Salzano E. 2004b. Threshold values for domino effects caused by blast wave interaction with process equipment. Journal of Loss Prevention in the Process Industries, 17(6): 437-447.

Crucitti P, Latora V, Marchiori M. 2004. Model for cascading failures in complex networks. Physical Review E, 69(4): 045104.

Cruz A M, Krausmann E. 2008.Damage to offshore oil and gas facilities following hurricanes Katrina and Rita: an overview. Journal of Loss Prevention in the Process Industries, 21(6): 620-626.

Cruz A M, Krausmann E, Franchello G. 2011. Analysis of tsunami impact scenarios at an oil refinery. Natural Hazards, 58(1): 141-162.

Cruz A M, Okada N. 2008a. Consideration of natural hazards in the design and risk management of industrial facilities. Natural Hazards, 44(2): 213-227.

Cruz A M, Okada N. 2008b.Methodology for preliminary assessment of Natech risk in urban areas. Natural Hazards, 46(2): 199-220.

Cruz A M, Steinberg L J, Vetere Arellano A L, et al. 2004. State of the art in Natech risk management.European Communities Pub2004. Blications Office.

Cutter S L, Boruff B J, Shirley W L. 2003. Social vulnerability to environmental hazards. Social Science Quarterly, 84(2): 242-261.

Dilley M. 2005. Natural disaster hotspots: A global risk analysis. Washington: World Bank Publications.

Edwards J B. 1999. Speed adjustment of motorway commuter traffic to inclement weather. Transportation Research Part F: Traffic Psychology and Behaviour, 2(1): 1-14.

Enserink M. 2010. After red mud flood, scientists try to halt wave of fear and rumors. Sci, 330: 432-433.

Fabbrocino G, Iervolino I, Orlando F, et al. 2005. Quantitative risk analysis of oil storage facilities in seismic areas. Journal of Hazardous Materials, 123(1): 61-69.

Farina P, Colombo D, Fumagalli A, et al. 2006. Permanent Scatterers for landslide investigations: outcomes from the ESA-SLAM project. Engineering Geology, 88(3-4): 200-217.

FEMA. HAZUS-MH: Earthquake Event Report. http://www.cusec.org/hazus/Centralus/rt_global.pdf.2005

FEMA. Using HAZUS-MH for Risk Assessment. http://www.fema.gov/plan/prevent/ hazus/dl_Fema433 .shtm .2004

Gabriele L, Gianfilippo G, Giacomo A, et al. 2009. The assessment of the damage probability of storage tanks in domino events triggered by fire. Accident Analysis and Prevention 41: 1206-1215.

Girgin S. 2011. The natech events during the 17 August 1999 Kocaeli earthquake: aftermath and lessons learned. Natural Hazards and Earth System Sciences, 11(4): 1129-1140.

Gledhill J, Lines I. 1998. Development of methods to access the significance of domino effects from major hazard sites. London: Health and Safety Executive.

Glewwe P, Hall G. 1998. Are some groups more vulnerable to macroeconomic shocks than others? Hypothesis tests based on panel data from Peru. Journal of Development Economics, 56(1): 181-206.

Goodwin L C. 2002. Weather impacts on arterial traffic flow. Mitretek Systems, Inc. Falls Church, Virginia.

Greiving S. 2006a. Integrated risk assessment of multi-hazards: a new methodology. Special Paper - Geological Survey of Finland, 42(42): 75-82.

Greiving S. 2006b. Multi-risk assessment of Europe's regions. Measuring Vulnerability to Natural Hazards: Towards Disaster Resilient Societies, 210-216.

Greiving S, Fleischhauer M, Lückenkötter J. 2006. A methodology for an integrated risk assessment of spatially relevant hazards. Journal of Environmental Planning and Management, 49(1): 1-19.

Gu D, Wu X, Reynolds K, et al. 2004. Cigarette smoking and exposure to environmental tobacco smoke in China: The international collaborative study of cardiovascular disease in Asia. American Journal of Public Health, 94(11): 1972-1976.

Gubinelli G, Zanelli S, Cozzani V. 2004. A simplified model for the assessment of the impact probability of fragments. Journal of Hazardous Materials, 116(3): 175-187.

Hallegatte S. 2008. An adaptive regional input-output model and its application to the assessment of the economic cost of Katrina. Risk Analysis, 28(3): 779-799.

Hassan H M, Abdel-Aty M A. 2011. Analysis of drivers' behavior under reduced visibility conditions using a Structural Equation Modeling approach. Transportation Research Part F: Traffic Psychology and Behaviour, 14(6): 614-625.

Horvath K M, Brighton L E, Herbst M, et al. 2012. Live attenuated influenza virus (LAIV) induces different mucosal T cell function in nonsmokers and smokers. Clinical Immunology, 142(3): 232-236.

Hunter N M, Horritt M S, Bates P D, et al. 2005. An adaptive time step solution for raster-based storage cell modelling of floodplain inundation. Advances in Water Resources, 28(9): 975-991.

IPCC. 2001. Impacts, adaptation and vulnerability, summary for policymakers. Cambridge: Cambridge University Press.

Janssen M A, Schoon M L, Ke W, et al. 2006. Scholarly networks on resilience, vulnerability and adaptation within the human dimensions of global environmental change. Global Environmental Change, 16(3): 240-252.

Johnson D S, McGeoch L A. 1997. The traveling salesman problem: A case study in local optimization. Local Search in Combinatorial Optimization, 1(1): 215-310.

Kääb A. 2002. Monitoring high-mountain terrain deformation from repeated air-and spaceborne optical data: Examples using digital aerial imagery and ASTER data. ISPRS Journal of Photogrammetry and Remote Sensing, 57(1): 39-52.

Kafle S K, Murshed Z. 2006. Community-Based Disaster Risk Management for Local Authorities. Bangkok: Asian Disaster Preparedness Center.

Kallman D A, Wigley F M, Scott JR W W, et al. 1990. The longitudinal course of hand osteoarthritis in a male population. Arthritis & Rheumatism: Official Journal of the American College of Rheumatology, 33(9): 1323-1332.

Kapferer J N. 1989. A mass poisoning rumor in Europe. Public Opin Q, 53(4): 467-481.

Katada T, Oikawa Y, Tanaka T. 1999. Development of simulation model for evaluating the efficiency of disaster information dissemination. Doboku Gakkai Ronbunshu, (625): 1-13.

Keay K, Simmonds I. 2005. The association of rainfall and other weather variables with road traffic volume in Melbourne, Australia. Accident Analysis & Prevention, 37(1): 109-124.

Khan F I, Abbasi S A. 1998. Domiffect (domino effect): user-friendly software for domino effect analysis. Environmental Modelling & Software, 13(2): 163-177.

Kilpeläinen M, Summala H.2007. Effects of weather and weather forecasts on driver behavior. Transportation Research Part F: Traffic Psychology and Behaviour, 10(4): 288-299.

Kolesar P, Walker W, Hausner J. 1975. Determining the relation between fire engine travel times and travel distances in New York City. Operations Research, 23(4): 614-627.

Kourniotis S P, Kiranoudis C T, Markatos N C. 2000. Statistical analysis of domino chemical accidents. Journal of Hazardous Materials, 71(1): 239-252.

Krausmann E, Cruz A M, Affeltranger B. 2010. The impact of the 12 May 2008 Wenchuan earthquake on industrial facilities. Journal of Loss Prevention in the Process Industries, 23(2): 242-248.

Krausmann E, Renni E, Campedel M, et al. 2011. Industrial accidents triggered by earthquakes, floods and lightning: lessons learned from a database analysis. Natural Hazards, 59(1): 285-300.

Krajzewicz D, Erdmann J, Behrisch M, et al. 2012. Recent development and applications of SUMO-Simulation of Urban MObility. International Journal on Advances in Systems and Measurements, 5(3&4).

Krauss S, Wagner P, Gawron C. 1997. Metastable states in a microscopic model of traffic flow. Physical Review E, 55(5): 5597.

Kumar R, Novak J, Tomkins A. 2010. Structure and evolution of online social networks. Proceedings of the 12th ACM International Conference on Knowledge Discovery and DataMining. Washington.

Lees F. 2012. Lees' Loss prevention in the process industries: Hazard identification, assessment and control. Oxford: Butterworth-Heinemann.

Li Y, Ping H, Ma Z H, et al. 2014. Statistical analysis of sudden chemical leak accidents reported in China between 2006 and 2011. Environmental Science and Pollution Research, 21(8): 5547-5553.

Liang D, Lin B, Falconer R A. 2007. Simulation of rapidly varying flow using an efficient TVD–MacCormack scheme. International Journal for Numerical Methods in Fluids, 53(5): 811-826.

Maslov S, Sneppen K, Zaliznyak A. 2004. Detection of topological patterns in complex networks: correlation profile of the internet. Physica A: Statistical Mechanics and its Applications, 333: 529-540.

Menoni S. 2001. Chains of damages and failures in a metropolitan environment: some observations on the Kobe earthquake in 1995. Journal of Hazardous Materials, 86(1): 101-119.

Moreno Y, Nekovee M, Pacheco A F. 2004. Dynamics of rumor spreading in complex networks.

Physical Review E, 69(6): 066130.

Mosquera-Machado S. 2009. Dilley M. A comparison of selected global disaster risk assessment results. Natural Hazards, 48(3): 439-456.

Mercuri A, Angelique H L. 2004. Children's responses to natural, technological, and na-tech disasters. Community Mental Health Journal, 40(2): 167-175.

Moss R H, Brenkert A L, Malone E L. 2001. Vulnerability to climate change: a quantitative approach. Washington DC: Pacific Northwest National Laboratory.

Motter A E, Lai Y C. 2002. Cascade-based attacks on complex networks. Physical Review E, 66(6): 065102.

Mudan K S. 1987. Geometric view factors for thermal radiation hazard assessment. Fire Safety Journal, 12(2): 89-96.

Newman M E J. 2001. The structure of scientific collaboration networks. Proceedings of the National Academy of Sciences, 98(2): 404-409.

Newman M E J, Park J. 2003. Why social networks are different from other types of networks. Physical Review E, 68(3): 036122.

Nott J. 2003. The importance of prehistoric data and variability of hazard regimes in natural hazard risk assessment–examples from Australia. Natural Hazards, 30(1): 43-58.

Obasi G O P. 1994. WMO's role in the international decade for natural disaster reduction. Bulletin of the American Meteorological Society, 1994, 75(9): 1655-1661.

O'Brien K, Eriksen S E H, Schjolden A, et al. 2004. What's in a word? Conflicting interpretations of vulnerability in climate change research. CICERO Working Paper.

Okada N. 2004. Urban Diagnosis and Integrated Disaster Risk Management. Journal of Natural Disaster Science, 26(2): 49-54.

Pearman W A. 1978. Participation in flu immunization projects: what can we expect in the future?. American Journal of Public Health, 68(7): 674-675.

Pelling, Mark. 2004b. Visions of risk: a review of international indicators of disaster risk and its management. ISDR/UNDP: Kingps College, University of London.

Pelling M, Maskrey A, Ruiz P, et al. 2004a. Reducing disaster risk: A challenge for development. New York: UNDP.

Perrin H, Martin P T, Hansen B G. 2001. Modifying signal timing during inclement weather. Transportation Research Record, 1748(1): 66-71.

Petrova E. 2009. Natech Events in the Russian Federation. New perspectives on risk analysis and crisis response. Amsterdam-Paris: Atlantis Press.

Phillips B D, Morrow B H. 2007. Social science research needs: Focus on vulnerable populations, forecasting, and warnings. Nat Hazards Rev, 8: 61-68.

Pietersen C M. 1990. Consequences of accidental releases of hazardous material. Journal of Loss Prevention in the Process Industries, 3(1): 136-141.

Reniers G L L, Dullaert W. 2007. DomPrevPlanning©: User-friendly software for planning domino effects prevention. Safety Science, 45(10): 1060-1081.

Renni E, Krausmann E, Cozzani V. 2010. Industrial accidents triggered by lightning. Journal of Hazardous Materials, 184(1): 42-48.

Roth R A. 1982. Landslide susceptibility in San Mateo County, California. California: US Geological Survey.

Ryder N L, Sutula J A, Schemel C F, et al. 2004. Consequence modeling using the fire dynamics simulator. Journal of Hazardous Materials, 115(1/2/3): 149-154.

Saaty T L. 1980. Analytic hierarchy process. John Wiley & Sons, Ltd.

Salzano E, Anacleria C, Basco A, et al. 2008. The analysis of na-tech risks by time-based index. Chemical Engineering Transactions, 13: 171.

Salzano E, Iervolino I, Fabbrocino G. 2003. Seismic risk of atmospheric storage tanks in the framework of quantitative risk analysis. Journal of Loss Prevention in the process industries, 16(5): 403-409.

Santella N, Steinberg L J, Aguirra G A. 2011. Empirical estimation of the conditional probability of natech events within the United States. Risk Analysis, 31(6): 951-968.

Schmidtlein M C, Deutsch R C, Piegorsch W W, et al. 2008. A sensitivity analysis of the social vulnerability index. Risk Anal, 28: 1099-1114.

Shahrabani S, Benzion U. 2006. The effects of socioeconomic factors on the decision to be vaccinated: the case of flu shot vaccination. IMAJ-RAMAT GAN-, 8(9): 630.

Showalter P S, Myers M F. 1994. Natural Disasters in the United States as Release Agents of Oil, Chemicals, or Radiological Materials Between 1980-1989: Analysis and Recommendations. Risk Analysis, 14(2): 169-182.

Simard A J, Eenigenburg J E. 1990. An executive information system to support wildfire disaster declarations. Interfaces, 20(6): 53-66.

Singh A, Singh Y N. 2013. Nonlinear spread of rumor and inoculation strategies in the nodes with degree dependent tie strength in complex networks. Acta Physica Pol B, 44(1): 5-28.

Song H J, Huh S H, Kim J H, et al. 2005. Typhoon track prediction by a support vector machine using data reduction methods.International Conference on Computational and Information Science. Springer, Berlin, Heidelberg.

Takubo Y, Sirasaki M, Ikeda T, et al. 1996. Broad-area outdoor loudspeaker system. JRC Rev, 35: 17-22.

Timmermann P. 1981. Vulnerability, resilience and the collapse of society. Environmental Monograph, 1: 1-42.

Treadway M, McCloskey M. 1987. Distortions of the Allport and Postman rumor study in the eyewitness testimony literature. Law Hum Behav, 11(1): 19-25.

Turner B L. 2010. Vulnerability and resilience: Coalescing or paralleling approaches for sustainability science? Global Environ Chang. 2010: 570-576.

Van Den Bosch C, Weterings R. 1997. Methods for the calculation of physical effects (Yellow Book). The Hague(NL): Committee for the Prevention of Disasters.

Wang Y, Zhang W, Fu W. 2011. Back Propogation (BP)-neural network for tropical cyclone track forecast//2011 19th International Conference on Geoinformatics. Shanghai.

Watts D J, Strogatz S H. 1998. Collective dynamics of 'small-world' networks. Nature, 393(6684): 440-442.

Wood N J, Schmidtlein M C. 2012. Anisotropic path modeling to assess pedestrian-evacuation potential from Cascadia-related tsunamis in the US Pacific Northwest. Natural Hazards, 62(2): 275-300.

Xu T, Chen J, He Y, et al. 2004. Complex network properties of Chinese power grid. International Journal of Modern Physics B, 18(17n19): 2599-2603.

Yamaguchi T. 1986. Wakasa Koil Pool Fire Experiment. Fire Safety Science, (10): 911-918.

Yen B C. 2002. Open channel flow resistance. Journal of hydraulic engineering, 128(1): 20-39.

Young S, Balluz L, Malilay J. 2004. Natural and technologic hazardous material releases during and after natural disasters: a review. Science of the total environment, 322(1): 3-20.

Zadeh L A. 1965. Information and control. Fuzzy Sets, 8(3): 338-353.

Zhang X. 2012. Internet rumors and intercultural ethics—a case study of panic-stricken rush for salt in China and iodine pill in America after Japanese earthquake and tsunami. Stud Literature Lang, 4(2): 13-16.

Zhao L, Cui H, Qiu X, et al. 2013. SIR rumor spreading model in the new media age. Physica A, 392(4): 995-1003.

Zook M, Graham M, Shelton T, et al. 2010. Volunteered geographic information and crowdsourcing disaster relief: a case study of the Haitian earthquake. World Medical & Health Policy, 2(2): 7-33.